高等学校计算机应用技术系列规划教材

计算机网络技术与应用

刘瑞林　主　编
吴贤彬　于小锋　副主编
陈志刚　主　审

ZHEJIANG UNIVERSITY PRESS
浙江大学出版社

内容提要

本书共8章，系统地介绍了计算机网络的发展和基本原理体系结构、局域网、广域网、网络服务、网络安全、典型网络的结构特点等内容。除第8章外，其他各章都附有练习题。为了加强学习效果，本书围绕知识点的典型性，精选了6个实验。此外，在本书的第8章，我们综合各章知识设计了“办公局域网组建设计”和“中小型企业局域网组建设计”这两个常用的计算机网络技术应用实例，供学生学习和参考。本教材适合作为本科非计算机专业学生的计算机网络教材。

图书在版编目(CIP)数据

计算机网络技术与应用/刘瑞林主编．—杭州：浙江大学出版社，2009.12

ISBN 978-7-308-07220-5

Ⅰ．计…　Ⅱ．刘…　Ⅲ．计算机网络—高等学校—教材　Ⅳ．TP393

中国版本图书馆CIP数据核字(2009)第220867号

计算机网络技术与应用

刘瑞林　主编

陈志刚　主审

策　　划　希　言　吴昌雷

责任编辑　黄娟琴

文字编辑　吴昌雷

封面设计　卢　涛

出版发行　浙江大学出版社

（杭州市天目山路148号　邮政编码310028）

（网址：http://www.zjupress.com）

排　　版　杭州大漠照排印刷有限公司

印　　刷　德清县第二印刷厂

开　　本　787mm×1092mm　1/16

印　　张　12.25

字　　数　296千

版 印 次　2010年1月第1版　2010年1月第1次印刷

书　　号　ISBN 978-7-308-07220-5

定　　价　23.00元

高等学校计算机应用技术系列规划教材

专家指导委员会

序

能够满足社会与专业本身需求的计算机应用能力已成为各专业合格的大学毕业生必须具备的素质。

包括大文科在内的各类专业与信息技术的相互结合、交叉和渗透，是现代科学发展的趋势，也是新学科的一个生长点。加强大文科（包括哲、经、法、教、文、史、管）各类专业的计算机教育，开设具有专业特色、能够满足社会与专业本身对大文科人才需求的计算机课程，是培养跨学科、综合型文科通才的重要环节。

为了更好地指导大文科各类专业的计算机教学工作，教育部高等教育司组织制订了《高等学校文科类专业大学计算机教学基本要求》（下面简称《基本要求》）。

《基本要求》把本科的大文科计算机教学设置，按专业门类分为文史哲法教类、经济管理类与艺术类三个系列；按教学层次分为计算机大公共课程、计算机小公共课程和计算机背景专业课程三个层次；按院校类型分为研究型、教学研究型与教学型三个类型。

第一层次的教学内容是文科某一系列（比如艺术类）各专业学生都应知应会的。教学内容由计算机基础知识（软、硬件平台）、微机操作系统及其使用、办公软件应用、多媒体知识和应用基础、计算机网络基础、信息检索与利用基础、Internet基本应用、电子政务基础、电子商务基础、网页设计基础等 15 个模块构筑。这些内容既满足社会对大学生在计算机方面的需求，又为学生在与专业紧密结合的信息技术应用方向上进一步深入学习打下基础，对大学生信息素质培养起着基础性与先导性的作用。

第二层次是在第一层次之上，为满足同一系列某些专业共同需要（而不仅是某一个专业需要）而开设的计算机课程。教学内容，或者在深度上超过第一层次中某一相应模块，或者是拓展到第一层次中没有涉及的领域。这部分教学在更大程度上决定了学生在其专业中应用计算机解决问题的能力与水平。

第三层次，也就是使用计算机工具，以计算机软、硬件为依托而开设的仅为某一专业所特有的课程，也就是所说的专业课。

浙江大学出版社出版的高等学校计算机应用技术系列规划教材，是根据《基本要求》编写而成的，可以满足大文科各类专业计算机课程一、二层次教学的基本需要。相信这套丛书的出版，将有利于我国高校优质文科计算机教材和精品课程的建设，在从教育大国向教育强国的伟大征程中起到添砖加瓦的积极作用。

卢湘鸿

2008 年 6 月于北京

卢湘鸿　北京语言大学信息科学学院计算机科学与技术系教授、教育部普通高等学校本科教学工作水平评估专家组成员、教育部高等学校文科计算机基础教学指导委员会秘书长、全国高等院校计算机基础教育研究会文科专业委员会主任。

前　言

在网络经济时代，人们再也离不开网络的帮助，离不开网络提供的便利。对于非计算机专业的学生来说，了解网络技术及其应用，是必要的。

本书针对文科学生的基础知识状况，把深奥的网络技术用通俗易懂的语言描述出来，并整理了若干网络建设案例，以帮助学生理解网络技术及其应用。

本书强调技术应用，尽量将理论、原理与应用相结合。作者将十几年教授网络技术的经验融汇其中，内容条理清晰、通俗易懂，简明扼要，易于理解。在理论的基础上，每章后面均提供与理论相关的实验，帮助学生理解理论、方法和原理，并且给出可以操作的实验步骤。本书也适合对网络技术感兴趣的人士及大中专非计算机专业学生阅读。

本书第 1 到第 7 章由刘瑞林执笔，第 8 章由吴贤彬执笔，第 2 章、第 3 章实验部分由于小锋执笔。

由于我们水平有限，在编写教材时难免出错，敬请读者指正，或者读者有什么好的建议，可以联系编者：Liuruilin@263. com。

编　者

2009 年 10 月

目　　录

第1章　计算机网络简单介绍

通过使用国际互联网、校园网络和社区网络，计算机网络对我们来说并不陌生，但是到底什么是计算机网络(简称为网络)，它能帮助我们做什么，网络有哪些种类……这些却不是所有人可以马上回答出来的。

在本章，我们将一一给出简明答案。

【本章主要内容】

- 计算机网络定义。
- 协议和体系结构。
- 计算机网络的分类。

1.1　计算机网络的定义

首先我们将给出一个网络实例来说明其功能并定义网络的概念。

图1.1是一个典型的校园网络。师生可以借助这个校园网在网络上共享资源、访问Internet、发送电子邮件、用聊天软件交流、在学习平台上互动等。

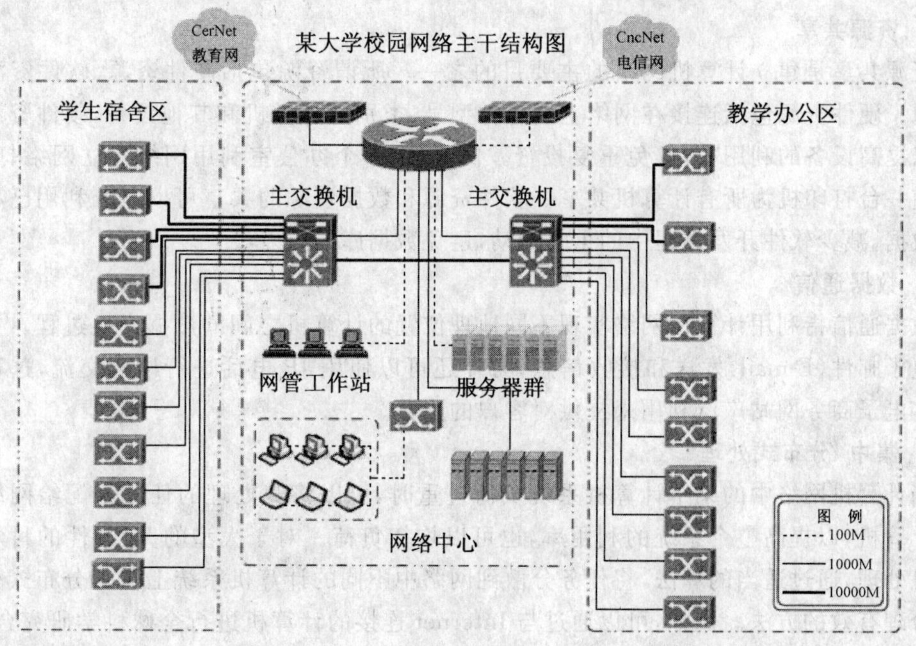

图1.1　网络举例

由图 1.1 可见，计算机网络是计算机技术和通信技术发展和结合的产物，是“使用通信线路把分布在不同地点的计算机连接起来，通过通信协议软件，达到资源共享目的的系统”。

在这个定义中要掌握以下三个要点。

第一，不同地点的计算机，包括不在同一位置的计算机。例如一个家庭住户内部的 3 台计算机，或学校实验室、教室、宿舍中的计算机。

第二，通信协议，它是某些约定的集合。如同人们在做贸易之前签订的合同，其中写了许多条款，像如何交货、如何付款、出现质量问题如何解决等，在具体履行过程中，按合同的条款执行就可以了。在设备种类繁多、服务功能复杂的网络上，会有更多的十分必要的约定条款，它们被集合起来，称为协议。协议如同游戏的规则，没有规则，游戏就没办法玩下去。对于网络的规则，很多组织和厂商甚至个人设计了大量的协议，其中最著名、最常用的协议是 TCP/IP 协议(后面章节将会介绍这个协议)。

第三，资源共享。在网络上，数据资源、软件和硬件资源很多，通过网络与他人共享丰富的资源是计算机网络应用的主要目标之一。

1.2 计算机网络的功能和分类

1.2.1 功 能

计算机网络的功能主要体现在以下三个方面，其中最基本的功能是实现资源共享和数据通信。

1. 资源共享

资源共享是建立计算机网络的主要目的之一。所谓资源包括硬件资源、软件资源和数据资源。硬件资源包括连接在网络上的各种型号、类别的计算机和其他设备，硬件资源的共享可以提高设备的利用率，避免重复投资。例如，在一个办公室利用网络建立网络打印机，可以使一台打印机为所有计算机共享。软件资源和数据资源的共享可以充分利用已有的软件和数据，减少软件开发过程中的重复劳动，避免数据库的重复设置。

2. 数据通信

数据通信指利用计算机网络实现不同地理位置的计算机之间的数据交换过程。如人们通过电子邮件(E-mail)发送和接收信息，另外还可以使用 IP 电话进行语音交流，这种方式被许多电子商务网站广泛利用来提供对客户的服务。

3. 集中/分布式处理

当计算机网络中的某个计算机系统负荷过重时，可以将其处理的任务分配给网络中的其他计算机，以提高整个系统的利用率，也可以均衡负荷。对于大型的、综合性的科学计算和信息处理，通过适当的算法，将任务分散到网络中不同的计算机系统上进行分布式处理是比较合理有效的方法。例如，可以通过与 Internet 连接的计算机进行全球科学研究合作，分析来自太空的信息，分析 SARS、禽流感疫苗等病毒的结构，进行灾害预报等。

在当今高度信息化、全球化的社会中，各行各业、世界的各个角落每时每刻都不断产生大量的信息需要及时处理，计算机网络起到了十分重要和必要的作用。

1.2.2 分 类

1. 按结点分布的地理范围大小划分

(1) 局域网(Local Area Network，LAN)

局域网的覆盖范围在十几公里之内。例如学校的校园网络、医院网络、小区网络、一栋建筑的内部网络等。

(2) 广域网(Wide Area Network，WAN)

广域网的地理范围最大，可以跨城市、跨国家、跨洲。例如中国网通、中国移动网络，它归一个组织所有，管理权在组织内部。相对局域网来说，传输速率一般比较低，网络拓扑结构复杂，通常是网状拓扑结构。

(3) 城域网(Metropolitan Area Network，MAN)

城域网通常是覆盖一座城市、油田、矿山范围的网络。目前，我国的许多油田和矿山，以及新兴的城市都已经建立起城域网。也有一个行业中的多个组织建设城域网的例子。例如在北京、南京、上海等地的学校，分别在所在城市范围内组建起了城域网，作为中国教育科研网的地区主干网络。图 1.2 是北京市东城区教育网的主干网结构图。

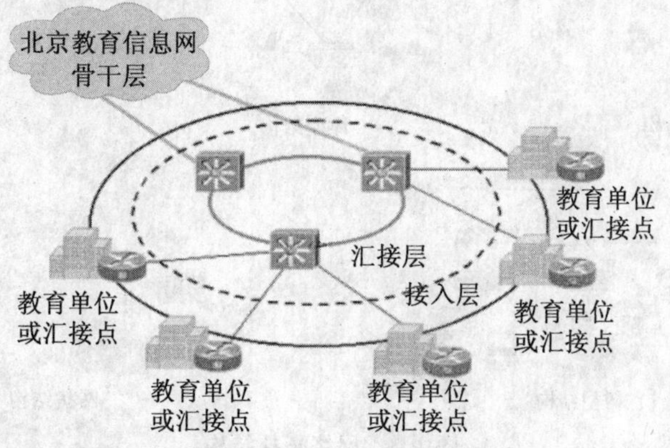

图 1.2 北京东城区教育城域网拓扑图①

2. 按网络的拓扑结构分类

"拓扑"的方法是在纸面上进行设计的方法，不管结点所使用的网络设备在哪里，也不管设备之间的距离有多远，把设备和连线用点和线表示出来。

通常我们把一个网络的点和线结构称为拓扑结构，它的好坏直接影响网络的性能。

---

① "大胆创新 稳步实施——东城区教育城域网的建设与应用"，《中国电脑教育报》2004-4-19，总期号 564。

(1) 星型结构

星型结构指各工作站以星型方式连接成网。

(2) 环型结构

环型结构由网络中若干结点通过点到点的链路首尾相连形成一个闭合的环，这种结构使公共传输电缆组成环型连接，数据在环路中沿着一个方向在各个结点间传输，数据从一个结点传到另一个结点。

(3) 总线型结构

总线型结构指所有设备(计算机和网络设备)均被挂在一条总线式的传输线路上，公用总线上的数据多以基带形式[①]串行[②]传递，其传递方向总是从发送信息的结点开始向两端扩散，如同广播电台发射的广播一样，因此又被称为广播式计算机网络。

(4) 树型结构

树型结构指分级的集中控制式网络，与企业的行政机构类似。

以上几种类型适用于局域网络。

(5) 网状结构

在网状拓扑结构中，网络的每台设备之间均有点到点的链路连接，这种连接不经济，只有当每个站点都要频繁发送数据时才使用这种方法，所以通常被应用于大型、复杂的网络。

图 1.3 给出了以上各种拓扑结构图示。

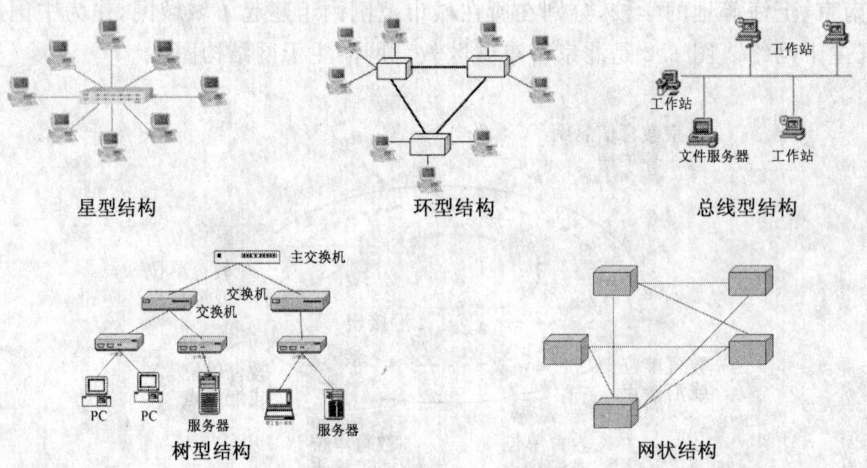

图 1.3 网络拓扑结构

3. 按网络的所有权分类

按所有权，网络可分为公用网络和专用网络。前者如中国网通、中国电信和其他服务商提供的通信网络；后者如学校、医院和企业等组织的网络。

一般情况下，按网络的地理范围划分网络类型比较常见。

---

① 从计算机传输出来后，基本没有改变信号的波形和大小等。

② 逐个二进制位的方式传输，目前网络传输的技术。

1.3 计算机网络发展历史和发展趋势

1.3.1 网络的发展历史

任何一种新技术的出现都必须具备两个条件：即强烈的社会需求与先期技术的成熟。计算机网络技术的形成与发展也证实了这条规律。一般而言，计算机网络的发展可分为四个阶段。

第一阶段：计算机技术与通信技术相结合，形成计算机网络的雏形。

第二阶段：在计算机通信网络的基础上，完成网络体系结构与协议的研究，形成计算机网络。

第三阶段：在解决计算机联网与网络互联标准化问题的背景下，提出开放系统互联参考模型与协议，促进了符合国际标准的计算机网络技术的发展。

第四阶段：计算机网络向互联、高速、智能化方向发展，并得到广泛应用。

在计算机时代早期，计算机世界被名为分时系统的大系统所统治。分时系统允许用户通过只含显示器和键盘的"傻瓜"终端使用主机，"傻瓜"终端很像PC，但没有CPU、内存和硬盘。通过这样的终端，成百上千的用户可以同时访问主机。由于分时系统是将主机时间分成片后分配给用户的，时间片很短，会让用户产生错觉，以为主机完全为他/她服务。

1969年12月，Internet的前身——美国的ARPA网投入运行，它标志着计算机网络的兴起。

之后，在20世纪70年代，大的分时系统被微机系统取代。微机系统在小规模上采用了分时系统。在分时计算机系统基础上，远程终端计算机系统通过调制解调器(Modem)和公用电话网(PSTN)向地理分布不同的远程终端用户提供共享资源的服务。这虽然还不能算真正的计算机网络系统，却是计算机与通信系统结合的最初尝试。远程终端用户已经体会到"计算机网络"的服务了。在远程终端计算机系统基础上，人们开始研究把计算机与计算机通过PSTN等已有的通信系统互联起来。为了使计算机之间的通信连接可靠，建立了分层通信体系和相应的网络通信协议，于是诞生了以资源共享为主要目的的计算机网络。由于网络中计算机之间具有数据交换的能力，提供了在更大范围内计算机之间协同工作、实现分布处理甚至并行处理的能力，联网用户之间直接通过计算机网络进行信息交换的通信能力也大大提高。

20世纪80年代初，随着PC机应用的推广，PC联网的需求也随之增大，各种基于PC互联的微机局域网纷纷亮相。这个时期是微机局域网快速发展时期，是一种典型的客户机/服务器模式。典型结构是在共享传输线路通信网平台上共享文件服务器，网络文件服务器为所有联网的PC提供可共享的文件资源服务。每个PC机用户只在需要访问共享的文件资源时才通过网络访问文件服务器，体现了计算机网络中各计算机之间的协同工作。

计算机网络系统中计算机的型号和其他设备比较复杂，所应用的软件也不相同，计算机之间相互通信涉及许多复杂的技术问题，为实现网络中设备之间、系统之间的“沟通”和“交流”，国际标准化组织 ISO 在 1984 年正式颁布了“开放系统互联基本参考模型”OSI 国际标准，初衷是想利用这套标准推进计算机网络体系结构的标准化进程。

20 世纪 90 年代，计算机技术、通信技术以及计算机网络技术得到了迅猛的发展。特别是在 1993 年，美国宣布建立国家信息基础架构（National Information Infrastructure，NII）后，许多国家纷纷制订和建立本国的 NII，从而极大地推动了计算机网络技术的发展，使计算机网络进入了一个崭新的发展阶段。

网络互联和高速计算机网络正成为最新一代的计算机网络的发展方向。全球以美国为核心的高速计算机互联网络 Internet 已经成为人类最重要的、最丰富的知识宝库。美国政府分别于 1996 年和 1997 年开始研究更加快速可靠的互联网 2（Internet 2）和下一代互联网（Next Generation Internet）。我国目前也在实验下一代互联网，已经开通 IPv6 实验网（可以参考中国教育科研网的 IPv6 网，网址：http://www.cernet2.edu.cn）。

1.3.2 发展趋势

近几年，网络在无线通信和下一代互联网、双核或多核半导体器件技术、人工智能、高性能计算机、网络安全等基础研究方面取得重大进展。在前沿信息技术的发展动向中，以下网络技术的发展和研究成为热点。①

（1）蓝牙技术

蓝牙技术是应用时间最长的一种近距离无线通信技术。蓝牙技术发展的重点将放在性能、安全和功耗上，以完善其功能。

（2）Wi-Fi（无线相容认证）技术

Wi-Fi（无线相容认证）技术在欧美和亚太地区的机场、交通枢纽和商务区大量部署，发展势头强劲。

（3）ZigBee 技术

ZigBee 技术具有近距离、低功耗、低成本等特点，但数据传输速率低，在固定或移动设备的无线连接上将有广泛的应用。

（4）超宽带无线 UWB 技术

超宽带无线 UWB 技术由于其广泛的应用面，有望补充和替代蓝牙技术和 Wi-Fi 技术。众多厂商因此蜂拥而上进行相应的产品开发。

（5）W1Msx 技术

W1Msx 技术是最值得关注的无线宽带上网技术，具有许多优势，能给用户提供真正的

---

① 国务院发展研究中心国际技术经济研究所课题组“2004 年世界科技发展报告”，《经济研究参考》2005 年第 33 期。

无线宽带网络服务甚至是移动通信服务，其标准已被制订。

(6) 宽带通信技术

借助已有电话线路的 DSL 技术是目前发展最为迅猛的宽带通信技术。广播电视部门大力发展的光纤同轴混合网 HFC 技术已进入商业化应用阶段。光纤配合局域网接入方式正成为新的宽带接入方式。电力宽带(BRL)则有利于市场竞争。正交频分复用 OFDM 技术与无线通信领域的多输入多输出(MIMO)技术相结合，应用于下一代无线宽带网，将是无线通信技术领域中的长期热点。软件无线电有望实现多种标准兼容，实现有线网与无线网融合。

(7) 万兆铜缆以太网传输技术

万兆铜缆以太网传输技术已开始使用，但仍需解决若干难题。

(8) 后 3G 技术

尽管 3G 通信尚未在全球普及，但后 3G 技术的研究已蓬勃开展，一些公司已推出样品。对后 3G 时代影响最大的是向 3.5G 升级以及将移动互联(WLAN)整合到广域网络。其中，最值得关注的是高速下行分组数据业务接入 HSDPA 技术(有人称之为 3.5G 技术)，它有可能将 3G 的能力扩充为一个全 IP 网络，并将无线通信和有线通信进行整合。

(9) 视频通信技术

视频通信技术已获得较广泛应用，已有不少产品问世，IP 电话(VoIP)在发达国家推广迅速，基于互联网协议(全 IP)的计算机网络、有线电视网络和互联网的三网合一获得重要进展。

此外，网络技术将在宽带技术的进一步完善和提高方面、移动网络和无线通信技术的应用方面、多媒体网络与传统网络的结合方面、网络技术与计算机技术的紧密结合方面和网络安全环境方面，有更大的发展空间。

1.4 计算机网络的组成

以下我们介绍网络的几个基本概念。

1. 主机

在资源子网中，有两类主机。一类是提供网络资源的服务器，例如提供新闻浏览、论坛、下载服务的计算机；另一类是提供用户使用的桌面计算机，也是我们常说的 PC 机，通过这些 PC 访问互联网的资源。

2. 外围设备

在网络上，除了计算机外，还需要为用户服务的打印机等外围设备。

3. 网络设备

为了实现数据的传输，在网络上不可缺少的是网络设备，目前在 Internet 上应用的主要设备包括路由设备(负责不同网络之间的互联和数据传输的路由选择)、交换机(在本地网络或通信子网中提供计算机互联、数据的快速传输)、HUB(仅仅提供终端设备之间基本的连接，随着交换机价格的下降，HUB 将会被淘汰)。

4. 网卡

如果一台计算机连接到学校或企业的局域网,那么这台计算机一定要安装网卡(网络适配器),通过它连接网线、接收和发送数据。

5. 调制解调器

调制解调器就是我们通常所说的"猫(Modem)",一般应用在利用电话线上网的方式中,例如 ADSL、ISDN 等。

6. 传输介质

传输介质是指将一个网络设备或计算机与另一台设备连接的线路,可以是有线的和无线的。例如,微波通信的微波就是无线方式,但目前更多见的是有线方式,如在学生宿舍中常见的双绞线。每种线路的特性不同,使用的环境也不相同,我们将在第 4 章中作详细介绍。

1.4.1 认识局域网

1. 局域网定义

局域网(Local Area Network,LAN)又称本地网,它是在有限的地域范围内,把分散的计算机设备通过传输设备连接起来,进行高速数据通信的计算机网络。

局域网在企业办公自动化、企业管理、工业自动化、计算机辅助教学等方面得到广泛的使用,例如,在一个办公室,将多台计算机连成一个局域网络,共享打印机和数据库。

局域网络也是我们接入 Internet 的常用接入方式,例如学生宿舍的计算机,通过校园网接入国际互联网。

2. 局域网的主要特点

局域网的主要特点是:地理范围小,一般在十几公里之内;速度快;误码率低(误码率是传输过程出现错误的比率);对故障的检测比较容易;搭建局域网络比较容易;成本比较低。

1.4.2 局域网的基本构成

典型的局域网由数据交换设备、一台或多台服务器和若干个工作站组成。工作站一方面为用户提供本地服务,相当于单机使用;另一方面可通过工作站向网络系统请示服务和访问资源,实现资源共享。设置局域网,必须有计算机网卡、网线和交换设备(常见的是交换机和 HUB);如果要接入 Internet,在出口处还应配备路由器。

图 1.4 为一个大学的教育技术中心的局域网络拓扑图,包括路由器、交换机、服务器等设备及设备的连接线路(网线)。

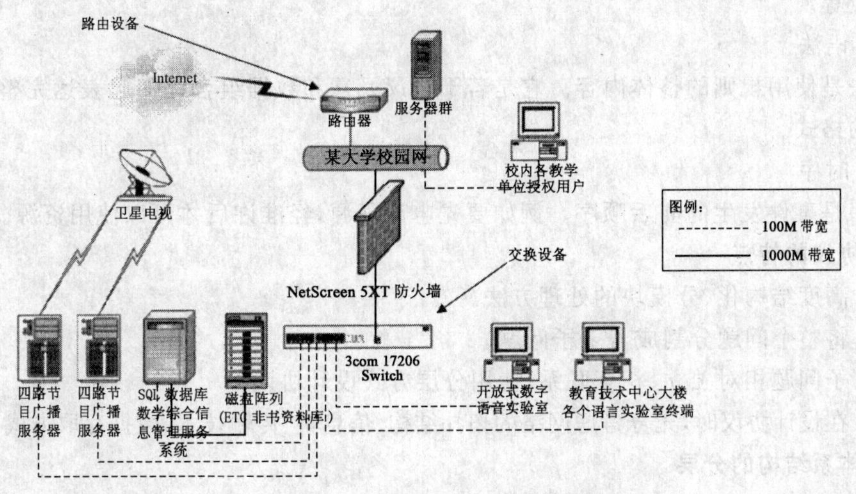

图 1.4 某大学技术教育中心网络结构①

1.5 网络体系与协议

本节主要讲解体系结构的几个问题，包括协议、协议分层以及相关的问题，并且简单介绍 OSI 和 TCP/IP 的体系结构。

1.5.1 实现开放网络的体系结构

1. 协议的定义

我们所接触到的计算机系统，不仅硬件配置多种多样，例如小型机、工作站和 PC 机的 CPU、内存、总线等，设置不同，数据格式和对数据的处理方式也不相同。而且给计算机配备的操作系统等软件也可能不同，目前常用的系统除了微软的 Windows 外，还有 Linux 和 Unix 操作系统，而不同系统对数据的处理方法也不尽相同。此外，网络中还存在多种类型的设备，例如交换机和路由器，前者负责数据的交换，后者负责路径的选择，两者对数据的处理模式不同。

面对这种种不同，建立和使用数据通信的标准十分必要，协议就是通讯双方共同遵守的通讯规则和约定的集合。通过通信信道和设备互联起来的多个不同地理位置的计算机系统，要使其协同工作实现信息交换和资源共享，它们之间必须具有共同的语言。交流什么、怎样交流及何时交流，都必须遵循某种互相都能接受的规则。

2. 协议的组成

(1) 语义

语义是通信双方过程的说明。它规定需要发出什么控制信息、完成什么动作，以及做出

① http://etc.uibe.edu.cn

什么响应等。

(2) 语法

语法是使用规则的整体内容。它是若干协议元素和数据组合在一起表达完整内容时必须遵循的格式。

(3) 时序

时序是事件发生的前后顺序。例如要先申请资源,经准许后才可以使用资源。

3. 协议的特点

(1) 高度结构化、分模块的处理方法。

(2) 将整个问题分割成若干子问题。

(3) 子问题相对独立、相互联系,使用分层方式设计协议。

(4) 在设计协议时,充分考虑网络的拓扑结构、信息量、传输技术、数据存取方式等因素。

4. 体系结构的分层

图 1.5 是信笺的邮递过程以及其工作任务层次。我们以此为例,来理解协议和体系分层。

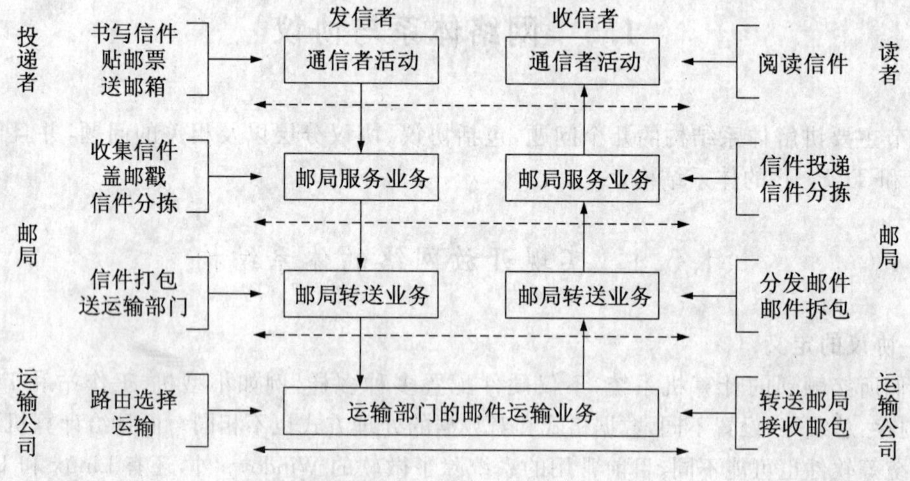

图 1.5 信笺的邮递过程以及工作任务层次

这个例子说明了一个复杂系统如何进行任务分工、功能分层。

在信笺的投递和分发过程中,有投递者、邮局、运输公司、读者四类角色,他们分担的责任和任务各不相同。如果每类角色的责任或工作增加或减少,不会影响其他角色的责任。整个邮递过程可以分成三个层次,不同的层次完成的任务不同,不同层对不同任务负责。

(1) 网络的层次结构

① 实体和对等实体:每层的活动元素就是实体,可以是软件、进程或硬件,即能够进行通信的软件和硬件就是通信实体;对等实体指在不同计算机系统或网络设备中同一层对应的实体。

② 实通信和虚通信:网络中,在物理传输介质(线路)上真实流过的数据,被称为实通信;除了物理介质以外,其他的对等实体之间的通信都是虚通信,也就是说没有真实的数据

传输。

③ 服务数据单元：在两个系统之中的 N 层协议的集合被称为第 N 层的协议；在每层协议中的完整信息载体被称为第 N 层协议数据单元(Protocol Data Unit，PDU)。

④ 接口和服务接入点：第 $N-1$ 层为第 N 层提供服务，所以在层与层之间有接口，服务通过服务接入点(Service Access Point，SAP)提供给上层。

⑤ 服务原语：下层为上层提供服务所使用的规范语句被称为服务原语。

图 1.6 所示为网络的层次结构。

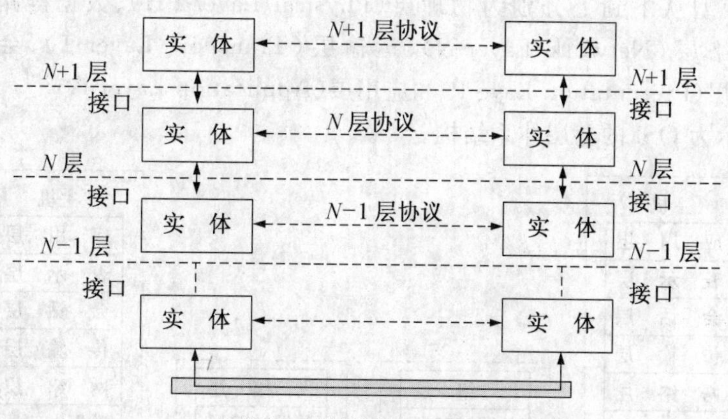

图 1.6 网络的层次结构

(2) 网络的体系结构的特点

① 以功能作为划分层次的根据。

② 第 N 层的实体在实现自身定义功能时，只能使用第 $N-1$ 层(下层)提供的服务。

③ 第 N 层向第 $N+1$ 层提供服务，此服务不仅包含第 N 层本身的功能，还包含由下层服务提供的功能。

④ 仅在相邻层间有接口，并且所提供服务的具体细节对上一层完全透明(屏蔽)。

(3) 网络体系分层原则

① 每层的功能应是明确的，并且相互独立。当某一层的具体实现方法更新时，只要保持上、下层的接口不变，就不会对邻居产生影响。

② 协议的层间接口必须清晰，跨越接口的信息量应尽可能少。

③ 协议的层数应适中。若层数太少，则造成每一层的协议太复杂；若层数太多，体系结构过于复杂，使描述和实现各层功能变得困难。

从以上描述可以总结出，体系结构是总体框架和层次结构，而协议是每个层次任务的具体完成者。

1.5.2 OSI 体系结构

开放系统互联(Open System Interconnection，OSI)基本参考模型是由国际标准化组织(ISO)制订的标准化开放式计算机网络层次结构模型，又称 OSI 参考模型。

OSI的体系结构定义了一个七层协议模型，用于进行对等层之间的通信，并作为一个框架来协调各层功能的标准；OSI的服务定义描述了各层所提供的服务，以及层与层之间的抽象接口和交互用的服务原语；OSI各层的协议规范，精确地定义了应当发送何种控制信息及何种过程来解释该控制信息。

需要强调的是，OSI参考模型仅仅为制订标准提供了一个概念性框架。但是有一些协议被借鉴到其他的网络体系结构中。

1. OSI七层模型

OSI七层模型从下到上分别为物理层(Physical Layer-PH)、数据链路层(Data Link Layer-DL)、网络层(Network Layer-N)、运输层(Transport Layer-T)、会话层(Session Layer-S)、表示层(Presentation Laye-P)和应用层(Application Layer-A)。

图1.7所示为OSI的七层体系结构。

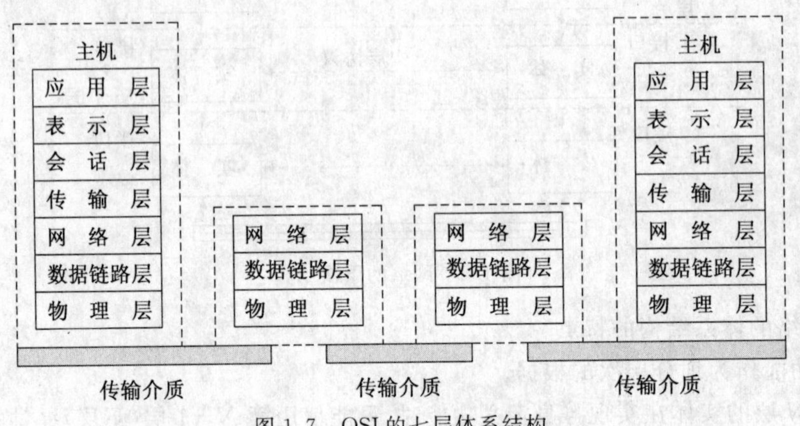

图1.7 OSI的七层体系结构

2. OSI七层协议功能简单介绍

(1) 物理层

物理层定义了为建立、维护和拆除物理链路所需的机械的、电气的、功能的和规程的特性，其作用是使原始数据比特流可以在物理媒体上传输。

(2) 数据链路层

数据链路层主要作用是通过校验、确认和重发等手段，将不可靠的物理链路升级为对网络层来说无差错的数据链路，把物理层屏蔽掉。数据链路层还要协调收发双方的数据传输速率，即进行流量控制，以防止接收方因为来不及处理发送方传来的高速数据而导致缓冲器溢出及线路阻塞。

(3) 网络层

网络层主要解决如何使数据跨越不同的通信网络从数据源传送到目的地的问题，也就是要解决网络与网络的互联，以及在网络之间进行路由选择。为避免通信中出现过多的分组而造成网络阻塞，需要对流入的分组数量进行控制。

(4) 传输层

传输层是一个主机—主机(端—端)的层次，提供端到端的透明数据运输服务，使高层用户不必关心通信子网的存在，目的是为应用进程（运行起来的程序）提供良好的数据传输服务；传输层还要处理端到端的差错控制和流量控制问题。

(5) 会话层

会话层是进程—进程的通信层次协议，主要功能是管理不同主机上各种进程间的通信（也称为对话）。会话层负责在两个会话层实体之间进行对话连接的建立和拆除；会话层还提供较好的机制，使得数据传输因网络故障而中断后，可以进行断点续传。

(6) 表示层

表示层为上层用户提供共同的数据语法表示变换。为了让采用不同编码方法的计算机在通信中能相互理解数据的内容，采用抽象的标准方法定义数据结构，并采用标准的编码表示形式。具体功能是对数据的表示、压缩和加密。

(7) 应用层

应用层是开放系统互联环境的最高层，主要提供网络服务。不同主机间的文件传送、电子邮件、虚拟终端（VT）协议等都属于应用层的范畴。换而言之，应用层专门为提供服务而提供相应的协议。

1.5.3　TCP/IP 协议

1974 年，Kahn 定义了最早的 TCP/IP 参考模型；20 世纪 80 年代，Leiner、Clark 等人对 TCP/IP 参考模型进行了进一步的研究。TCP/IP 协议共公布 6 个版本，后 3 个版本是 V4、V5、V6。目前使用的是 V4，它的网络层 IP 协议一般记作 IPv4；V6 的网络层 IP 协议一般记作 IPv6（或 Ipng，IP next generation），IPv6 被称为下一代的 IP 协议。

1. TCP/IP 整体构架

TCP/IP 协议并不完全符合 OSI 的七层参考模型。TCP/IP 采用四层的层级结构，每一层都需要它的下一层提供的服务来实现功能。

图 1.8 所示为 TCP/IP 与 OSI 体系结构的比较。

OSI参考模型	TCP/IP参考模型
应　用　层	应　用　层
表　示　层	
会　话　层	
传　输　层	传　输　层
网　络　层	互联网络层
数据链路层	网络接口层
物　理　层	

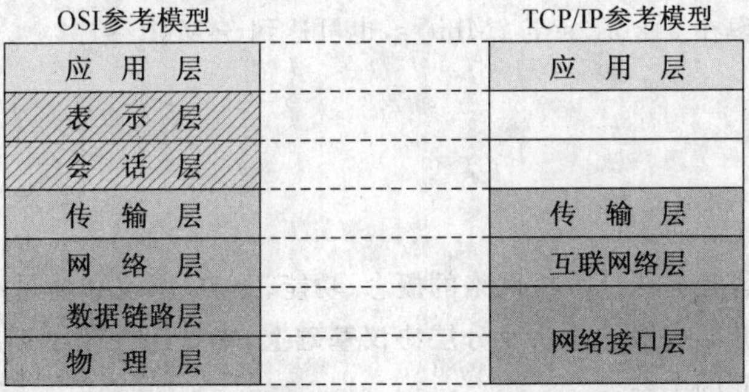

图 1.8　TCP/IP 与 OSI 体系结构的比较

2. TCP/IP 的四层协议

(1) 应用层

应用层是提供用户服务的层次，是应用进程之间的通信层，协议包括简单电子邮件传输

(Simple Mail Transfer Protocol，SMTP)、文件传输协议(File Transfer Protocol,FTP)和网络远程访问协议(Telecommunication Network Protocol，Telnet)等。

(2) 传输层

传输层提供结点间的数据传送服务，包括传输控制协议(Transfer Control Protocol,TCP)、用户数据报协议(User Datagram Protocol,UDP)，TCP和UDP给数据包加入传输数据并把它传输到下一层中，这一层负责传送数据，并且确定数据已被送达并接收。

(3) 互联网络层

互联网络层负责提供基本的数据传送功能，包括网际互联(IP)、控制消息(ICMP)等协议。

(4) 网络接口层

在TCP/IP体系中，实际上并没有真正对实际网络媒体的管理和定义如何使用实际网络(如Ethernet等)来传送数据，也就是说，它把实际工作委托给了本地的任何类型网络。

1.5.4 其他协议

1. X.25

X.25协议是ISO和ITU-T为广域网(WAN)通信所制订的一种包交换数据网络协议，它定义数据终端设备(DTE,通常情况下是终端用户的计算机)和数据电路终端设备(DCE,例如拨号网络使用的Modem)之间的数据以及控制信息的交换。该协议通常用于分组交换网络，如公用电话网，使用X.25协议的网络，常被称为X.25网络。

2. 帧中继

帧中继是20世纪80年代初发展起来的一种数据通信技术，其英文名为Frame Relay,简称FR，它是从X.25分组通信技术演变而来的。帧中继技术主要用于传递数据业务，它使用一组规程将数据以帧形式(简称帧中继协议)有效地进行传送。

帧中继协议是对X.25协议的简化，因此处理效率很高，网络吞吐量高，通信时延低，帧中继用户的接入速率在64kbit/s至2Mbit/s，也可达到34Mbit/s。

【本章小结】

本章的主要内容是介绍计算机网络的概念、功能、分类；协议和体系结构；按功能进行协议分层的意义。在介绍一般的体系及分层协议基础上，本章还介绍了OSI和TCP/IP，以便读者理解协议层之间的关系。

【本章难点】

(1) 理解计算机网络定义的几个要点。

(2)“拓扑结构”是在纸面进行设计的方法，不管结点交换设备在哪里，也不管设备之间的距离多远，都要把设备和连线用点和线表示出来。

(3) 掌握利用范围划分计算机网络类型的分类方法。

(4) 协议分层、对等层、对等实体、虚通讯和实通讯的概念，以及服务接入点的概念。

★★★ 习　题　1 ★★★

一、选择题

1. 在 ISO/OSI 参考模型中，同层对等实体间进行信息交换时必须遵守的规则称为(　　)。

A. 接口　　B. 协议　　C. 服务　　D. 关系

2. 计算机网络完成的基本功能包括数据传输和(　　)。

A. 数据处理　　B. 数据传输

C. 报文发送　　D. 报文存储

3. 关于 OSI 体系结构，以下哪种说法是错误的？(　　)

A. 是实际使用的网络协议集合　　B. 支持强大的网络功能

C. 支持数据的压缩和加密　　D. 开放的网络互联机制

4. 关于广域网，以下哪种说法是错误的？(　　)

A. 地理范围可以跨城市、国家　　B. 属于一个组织所有

C. 一定使用 X.21 协议　　D. 网络主要任务是数据的交换

5. 关于因特网，以下哪种说法是错误的？(　　)

A. 从网络设计角度考虑，因特网是一种计算机互联网

B. 从使用者角度考虑，因特网是一个信息资源网

C. 连接在因特网上的客户机和服务器被统称为主机

D. 因特网利用集线器实现网络与网络的互联

6. 在 OSI 模型中，第 N 层和其上的 $N+1$ 层的关系是(　　)

A. N 层为 $N+1$ 层提供服务　　B. $N+1$ 层将从 N 层接收的信息增加一个头

C. N 层利用 $N+1$ 层提供的服务　　D. N 层对 $N+1$ 层没有任何作用

二、简答题

1. 寻找网络应用的举例，并利用这个举例解释计算机网络的概念。

2. 目前你的计算机是以什么方法连接到互联网，并成为合法用户的？

3. 举例说明日常工作和生活中协议的作用，再举一个在互联网中使用的协议。

4. 参考 TCP/IP 协议的数据流动图，尝试解释虚、实通讯的概念。

第2章　网络技术基础

本章将从通信技术入手，分别介绍与通信相关的交换技术、同步技术、多路复用技术，为后面章节的内容奠定基础。在本章后半部分，将介绍物理传输介质，即不同种类的通信线路。

【本章主要内容】

● 数据通信的理论基础，主要包括通信系统模型、数据通信和信道的技术指标。

● 数据传输技术，包括信号的调制、多路复用技术、数据交换技术和通信方式。

● 传输介质，包括双绞线、同轴电缆、光纤和无线介质。

2.1　数据通信基础知识

一台计算机是如何把信息传递给另一台计算机的？利用什么规则或技术？需要什么设备和线路？要解决什么问题？我们知道，电话系统中的信息以正弦或余弦波形的信号连续传输；然而我们也知道，根据计算机的基本原理，在计算机中数据是以0和1的形态存在的，是以脉冲信号传输的，那么计算机中发送的信号是如何通过电话线传递给远方的计算机呢？

2.1.1　数据和信号

1. 数据

数据是对客观事物的描述，是把事物的某些属性规范化、抽象化后的表现形式，它能够被识别，也可以被描述，例如十进制数、二进制数、字符等。数据具有以下特性：

(1) 数据不仅指狭义的数值数据，也是对客观事物的描述。它是信息的载体和具体表现形式。

(2) 数据的表现形式多种多样，不仅有我们熟知的数字和文字，还有图形、图像和声音等形式。

(3) 数据有模拟数据和数字数据两种形式，模拟数据是连续的，例如，正弦函数描述的数据是模拟的，整数是离散的数字数据。

2. 信号

信号是数据的具体物理表现，具有确定的物理描述。例如电压、磁场强度等。数据传递总是依赖于一定的物理信号。例如，演奏笛子时，用嘴发出的声音其实是用声波信号传递的信息。当数据在计算机通信网络中传输时，通信线路上传输的是一个二进制值(0 或 1)的电压序列信号，如果用光纤传输的话，则是以光信号的形式传输数据。

信号有模拟信号和数字信号两种。利用载波仪器去检测，模拟信号是连续的波形，而数字信号是脉冲的波形。图 2.1 所示为模拟信号和数字信号。

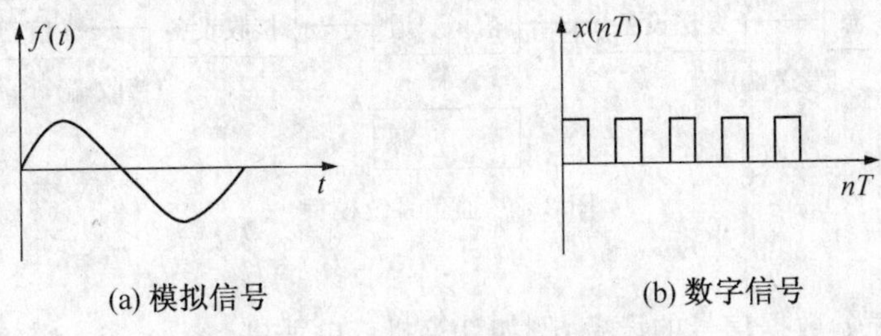

图 2.1　模拟信号和数字信号

3. 信号与数据的编码分类

根据信号和数据的类型，存在四种编码分类：

(1) 模拟数据利用模拟信号传输。例如，语音在电话网中传输。

(2) 模拟数据利用数字信号传输。例如，语音在局域网中传输。

(3) 数字数据利用模拟信号传输。例如，从计算机发送的数据在电话网中传输。

(4) 数字数据利用数字信号传输。例如，局域网中一台计算机的数据传输到另一台计算机。

4. 频带信号和基带信号

(1) 计算机中的信号是脉冲式的数字信号，如果没有经过调制，则称为基带信号。这种信号的频率范围很小，一般在局域网中的信号都是基带信号。

(2) 电话网中的信号是模拟信号，模拟信号频带范围分布较宽。

(3) 为了在一条线路上传输更多通讯对(通讯的双方)的信号，通常的做法是将基带信号调制成不同频率范围的频带信号，即占用不同的“信道”。显然，频率范围越大，可以容纳的调制在不同区域的通讯对就越多。

(4) 接收信号的一方将信号还原成基带信号，这个过程称为解调。

5. 码元

在时间轴上信号的编码单元是码元。例如，如果在一个时间周期内，包括两个不同的编码状态，则码元为 2。周期内码元的多少直接反映信号的变化频率，也反映传输信息的容量。例如，一个周期内有 8 个状态，那么码元数为 8，需要 3 位二进制(2^3)数才能描述出来；如果一个周期内有 4 个状态，码元数为 4，需要两位二进制数就足够了。显然，两者之间存在传输位数的差异，后者在同样的时间内少传输一位，传输速度较慢。

可以说，码元的多少与传输速率成正比。码元的速率被称为波特率，将在后续章节中介绍。

2.1.2 通信系统模型和数据通信

1. 通信系统模型

图 2.2 是通信系统的模型图示。下面对其中的一些概念进行说明。

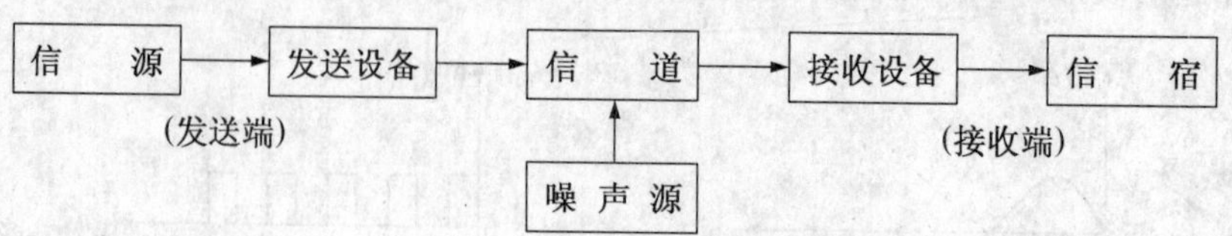

图 2.2 通信系统模型

(1) 信源

信源是产生原始数据信号的设备,例如计算机或电话机。

(2) 信宿

信宿是将复原的原始信号转换成相应的数据的设备,例如计算机或电话机。

(3) 发送设备

发送设备的基本功能是将信源和信道匹配起来,将信源产生的原始信号(基带信号)变换成适合在信道中传输的信号。例如,将电话线以 ADSL 方式接入到互联网所使用的调制解调器。

(4) 接收设备

接收设备的功能与发送设备相反,是用来进行解调、译码、解码的,它可从带有干扰的接收信号中恢复出相应的原始信号。

(5) 信道

信道是传输信息的通道,也是常说的传输线路。信道可以是有线的,也可以是无线的,甚至还可以包含连接信道的某些设备。前者称为物理信道,通常是指一条物理连接。为了提高效率将物理信道共享给多个通讯对,即每个通讯对与其他通信对共同使用某一信道,而不是独占。对于每个通讯对来说,这时的信道就是逻辑的信道。

(6) 噪声源

噪声源是信道中的所有噪声以及分散在通信系统中其他各处噪声的集合,是产生数据传输错误的一个来源。

2. 模拟通信系统

利用模拟信号传递消息的方式被称为模拟通信,普通的电话、广播、电视等都属于模拟通信。由图 2.3 模拟通信系统模型中可见,该系统由信源、调制器、信道、解调器、信宿以及噪声源组成。在传输系统中,调制和解调设备是成对配备的。在模拟通信系统中,信道上所传输的信号是模拟信号。

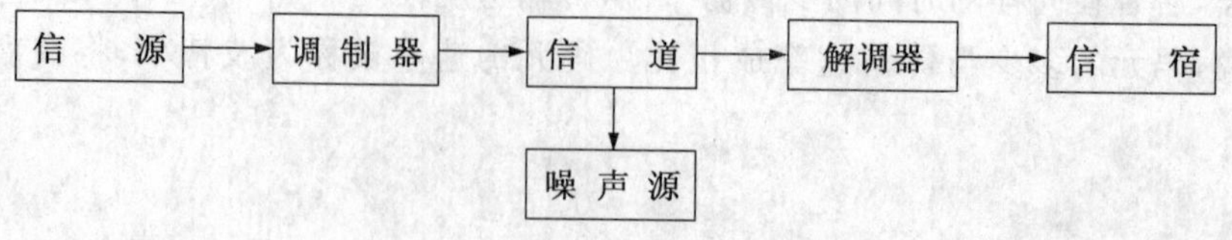

图 2.3 模拟通信系统

调制器是用发送的消息对载波的某个参数进行调制的设备。例如对载波信号进行连续的振幅调制、频率调制或相位调制。解调器是实现上述过程可逆变换的设备。

3. 数字基带传输系统

数字基带传输系统与模拟系统不同的是，信道上传输的是数字信号，是非连续的脉冲信号。基带信号形成器将非数字信号转换成数字信号，接收滤波器复原源信号。

图 2.4 是数字基带通信系统模型的图示。

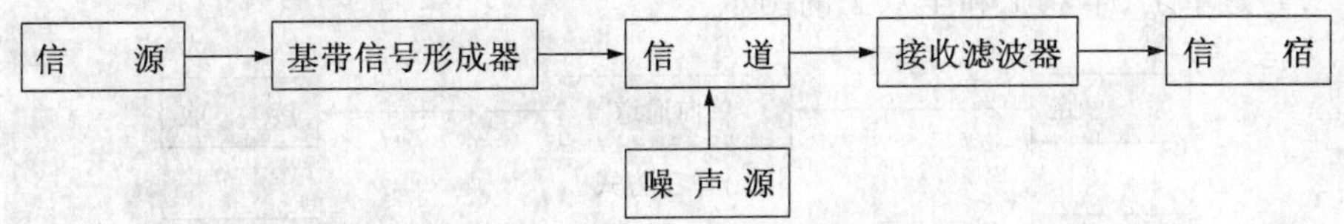

图 2.4　数字基带通信系统模型

2.1.3　通信与连接方式

1. 并行通信方式

并行通信传输是同时在两个设备之间传输多个数据位。并行通信方式主要用于近距离通信，计算机内部的总线结构就是并行通信方式。这种方法的优点是传输速度快，信息处理简单。

发送设备在将数据位通过对应的数据线传送给接收设备的时候，还可附加一位数据校验位。接收设备可同时接收到这些数据，而且不需要做任何变换就可直接使用。

2. 串行通信方式

串行数据传输时，数据是按位的方式在通信线上传输的。计算机内部在发送设备（网卡）端，就是先将内部并行数据转换成串行方式，逐位经传输线送到接收站的设备中，再在接收端将数据从串行方式重新转换成并行方式，以供接收方使用。

串行数据传输的速度要比并行传输慢得多，但对于覆盖面极其广阔的通信网络来说，具有更大的现实意义。

图 2.5、2.6 是并行通信方式和串行通信方式的图示。

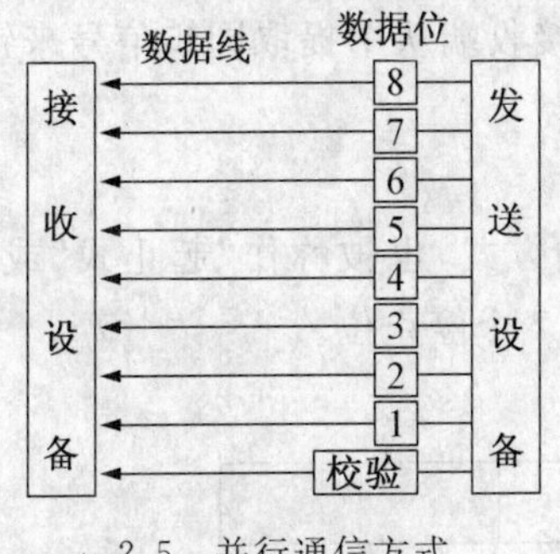

2.5　并行通信方式

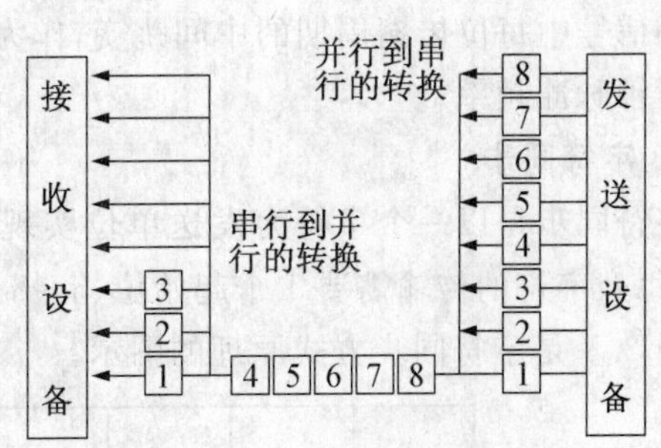

图 2.6　串行通信方式

3. 串行通信的方向性结构

串行数据通信的方向性结构有三种，即单工、半双工和全双工三种方式。

(1) 单工数据传输只支持数据在一个方向上传输。

(2) 半双工数据传输允许数据在两个方向上传输,但是在某一时刻,只允许数据在一个方向上传输。它实际上是一种切换方向的单工通信,例如对讲机的通信方式。

(3) 全双工数据通信允许数据同时在两个方向上传输。因此,全双工通信是两个单工通信方式的结合。它要求发送设备和接收设备都具有独立的接收和发送能力。这种方式正被广泛应用在语音等传输系统中。

图 2.7 是单工、半双工和全双工的图示。

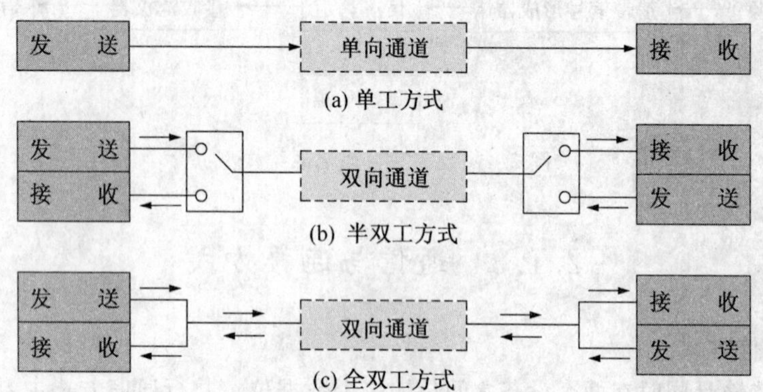

图 2.7 单工、半双工、全双工方式

2.1.4 数据同步技术

数据同步的目的是保证数据接收端与发送端数据保持一致,即保证接收端完全接收数据,而不丢失数据。目前主要的数据同步技术包括位同步、字符同步和帧同步三种形式。

1. 位同步

位同步的目的是使接收端接收的每一位信息都与发送端保持同步。具体做法是使用发送端发送的同步时钟信号,接收方则用同步信号来锁定自己的时钟脉冲频率,按时钟接收数据。

这种方式适合范围小的数据传输,目前局域网络中使用的就是这种方式。例如曼彻斯特编码信号中每位传输周期的中间跳变,作为时钟信号,接收端从中提取同步信号来锁定自己的时钟脉冲频率。

2. 字符同步

字符同步是以一个字符为发送单位实现字符同步的方式,也被称作“起止式”或“异步式”。每个字符的传输需要 1 个起始位、5～8 个数据位和 2 个停止位。

图 2.8 是字符同步方式原理的图示。

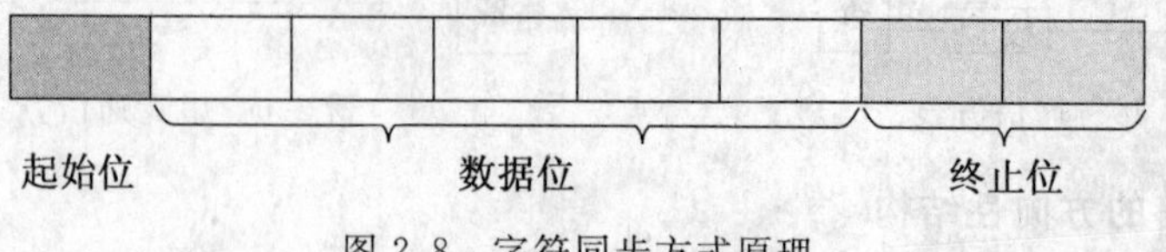

图 2.8 字符同步方式原理

3. 帧同步方式

帧同步方式是以识别一个帧的一对标志域的方式实现同步的。帧(Frame)是数据链路(相邻两个结点之间的线路)中的传输单位,其中包含数据和控制信息等。

(1) 面向字符的帧同步方式

面向字符的帧同步方式以同步字符(SYN,16H)标识一个帧的开始,适用于数据为字符的帧。图 2.9 是面向字符的帧同步方式的图示。

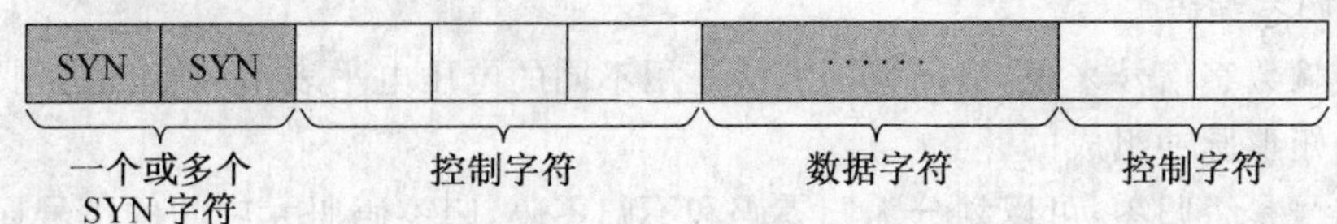

图 2.9　面向字符的帧同步方式

(2) 面向位/比特的帧同步方式

面向位/比特的帧同步方式以特殊位序列(例如 7EH,即 01111110)标识一个帧的开始,适用于任意数据类型的帧。其特点是:帧检验域包括地址、控制和信息域,信息域的大小是可变的,一对标志域标志一个完整的帧。这种方式被广泛使用在大型或复杂的网络中。

图 2.10 是面向比特的帧同步方式图示。

比特	8	8	8	可变	16	8
	标志 F	地址 A	控制 C	信息 I	帧检验序列 FCS	标志 F

图 2.10　面向比特的帧同步方式

2.1.5　信号调制解调技术

在 2.1.1 小节中,介绍了信号有模拟和数字两种类型,在信号传输之前要进行调制,以保证信号传输的质量。这种基带信号和频带信号之间的转换技术,就被称为信号的调制和解调技术。

1. 数字信号与频带信号

任何载波信号都有三个特征:振幅(A)、频率(f)和相位(P)。把数字信号转换成模拟信号有三种基本技术:振幅调制(ASK)、频率调制(FSK)和相位调制(PSK)。

图 2.11 是以上信号调制方法的图示。

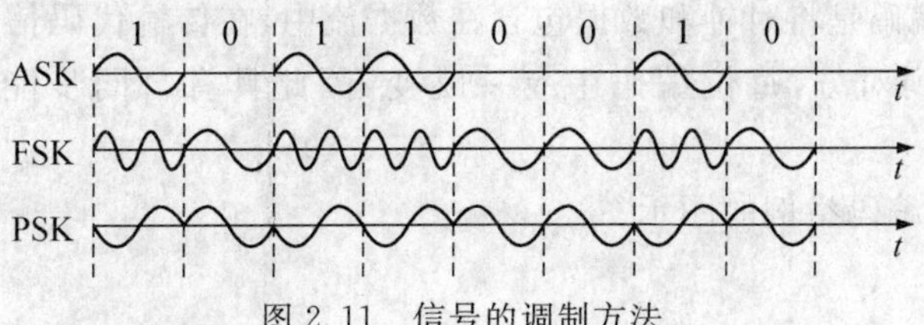

图 2.11　信号的调制方法

2. 基带信号的编码

局域网的信号编码方式是数字的，信号从计算机输出的未经过调制的信号被称为基带信号。基带传输是在线路中直接传送数字信号的电脉冲，这是一种最简单的传输方式，局域网是近距离通信，采用基带传输。

基带传输需要解决数字数据的数字信号表示以及收发两端之间的信号同步问题。基带信号的编码有以下几种常用形式。

(1) 不归零编码

对于传输数字信号来说，最简单的方法是用不同的电压电平表示两个二进制数字，即数字信号是由矩形脉冲组成的。

根据信号是否归零，可以划分为归零码和不归零码，归零码码元中间的信号回归到 0 电平，而不归零码遇到 1 电平翻转，0 时不变。不归零码在传输中难以确定一位的结束和另一位的开始，需要用某种方法在信号发送器和接收器之间进行定时或同步。

按数字编码方式，可以划分为单极性码和双极性码。

① 单极性不归零码，无电压时(也就是无电流)表示“0”，恒定的正电压用来表示“1”。每一个码元时间的中间点是采样时间，判决门限为半幅度电平(0.5)。如果接收信号的值为 0.5～1.0，判为“1”码，如果值为 0～0.5，则判为“0”码。

② 双极性不归零码，“1”码和“0”码都有电流，“1”为正电流，“0”为负电流，正和负的幅度相等，判决门限为零电平。

不归零码在传输中难以确定一位结束和另一位开始，需要用某种方法使发送器和接收器之间进行定时或同步。

(2) 曼彻斯特编码

曼彻斯特编码常被用于局域网传输。其特点是：

① 每个比特周期中间有一次电平跳变，两次电平跳变的时间间隔可以是 1/2 周期或 1 个周期，位中间的跳变作为时钟信号，利用电平跳变去产生收发双方的同步信号。

② 曼彻斯特编码信号又被称作“自含钟编码”信号，发送曼彻斯特编码信号时无需另外发同步信号。

③ 电位从低跳到高表示“1”，电位从高位跳到低位表示“0”。

(3) 差分或微分曼彻斯特编码

差分或微分曼彻斯特编码有以下特点。

① 在每位中间的跳变仅被用作时钟。

② 用每位开始时有无跳变去表示“0”或“1”，有跳变为“0”，无跳变为“1”。

两种曼彻斯特编码是将时钟和数据包含在数据流中，在传输代码信息的同时，也将时钟同步信号一起传输到对方，每位编码中有一跳变，因此具有自同步能力和良好的抗干扰性能。

图 2.12 是几种编码举例的图示。

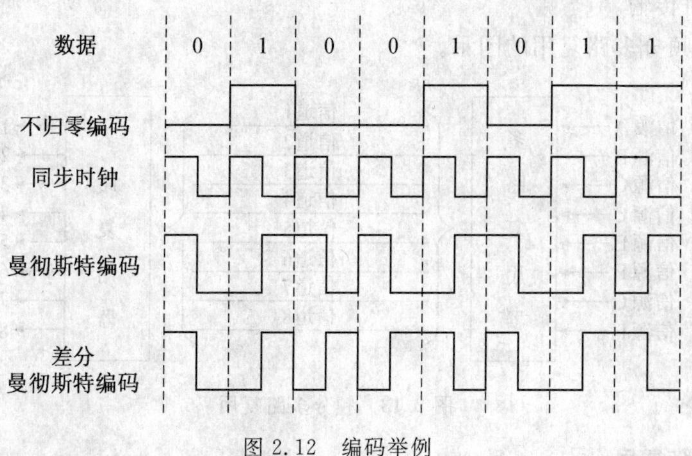

图 2.12　编码举例

3. 模拟数据与数字信号

模拟数据数字化的主要方法是脉冲编码调制法(Pulse Code Modulation,PCM),最典型的应用是语音信号的数字化。

该方法以香农(Shannon)的采样定理为理论依据,即若对连续变化的模拟信号进行周期性采样,只要采样频率大于等于有效信号最高频率或其带宽两倍时,采样值便可以包含原始信号的全部信息,利用低通滤波器可以从这些采样中重新构造出原始信号。对此需要了解的概念如下。

(1) 采样

采样是指按固定间隔的采样周期读取模拟信号对应的电平数值。

(2) 量化

量化是指将采样所得到的信号值按照一定的分级标度定位到最接近的量化值上。这样就把连续的模拟信号转换成离散的脉冲信号,其振幅值对应于采样时刻信号的数值。

(3) 编码

编码是指通过处理使离散的量化值成为合适的二进制码组。在二进制码中,由 n 位代码可组成 2^n 个不同的码字,表示量化信号可有 2^n 个不同的数值。

2.1.6　多路复用技术

当一条物理链路有丰富的带宽和高速度时,多路复用技术就能够有效地提高通信线路利用率,能够利用一个通信信道传输更多通信对的信号。多路复用有以下几种常用方法。

1. 频分多路复用

频分多路复用(Frequency Division Multiplexing,FDM)是对多路信号取不同的载波频率,并分配一定的带宽,使其各自形成一个通道(Channel)。这些通道分别占用传输线路的一个频带,并且相互没有重叠。这种复用方式,每个用户只占有线路的一部分带宽,但可拥有全部时间同时传输。

图 2.13 是频分多路复用的图示。

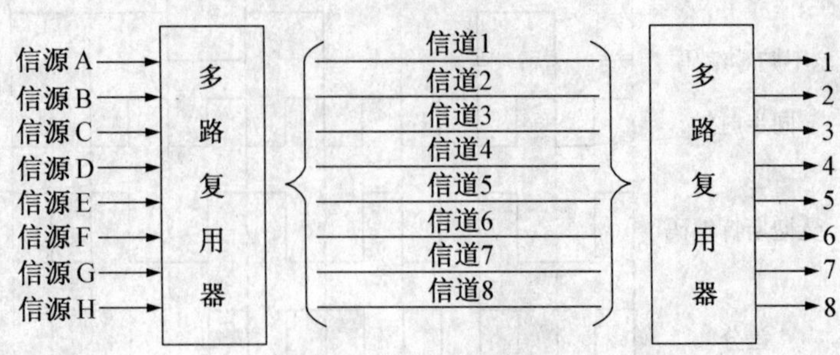

图 2.13 频分多路复用

2. 时分多路复用

时分多路复用(Time Division Multiplexing,TDM)是将一条物理信道按时间分成若干个时间片,轮流地分配给多路信号使用。每一时间片由一个信号占用。这样,利用每个信号在时间上的交叉,就可以在一条物理信道上传输多路信号。

时分多路复用 TDM 不仅局限于传输数字信号,也可同时交叉传输模拟信号。

图 2.14 是时分多路复用的图示。

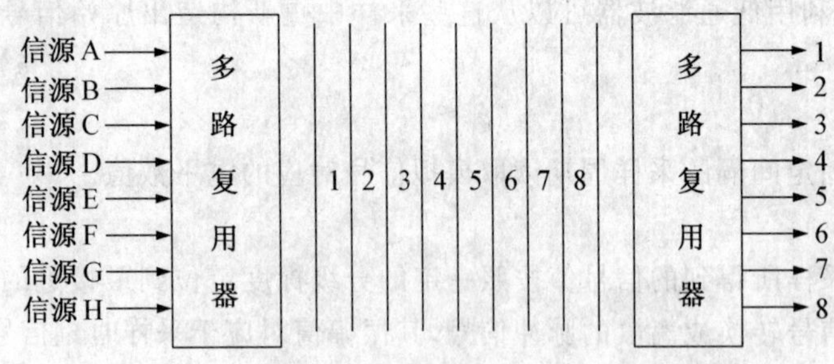

图 2.14 时分多路复用

3. 波分多路复用

波分多路复用(Wavelength Division Multiplexing,WDM)是指在一根光纤上使用不同的波长同时传送多路光波信号的一种技术。

WDM 的原理和 FDM 基本上相同,所不同的是 WDM 应用于光纤信道上的光波传输过程,而 FDM 应用于电模拟传输。WDM 光纤系统具有高度可靠性,并且每个 WDM 光纤信道的载波频率是 FDM 载波频率的百万倍。

WDM 一般应用波长分割复用器和解复用器(也称合波/分波器),分别置于光纤两端,实现不同光波的耦合与分离。

波分复用器是一种将终端设备上的多路不同单波长光纤信号连接到单光纤信道的技术,支持在每个光纤信道上传送 2～4 种波长。波分复用器将多波长数据流分解为多个单波长数据流。

图 2.15、2.16 是波分复用原理和波分复用的图示。

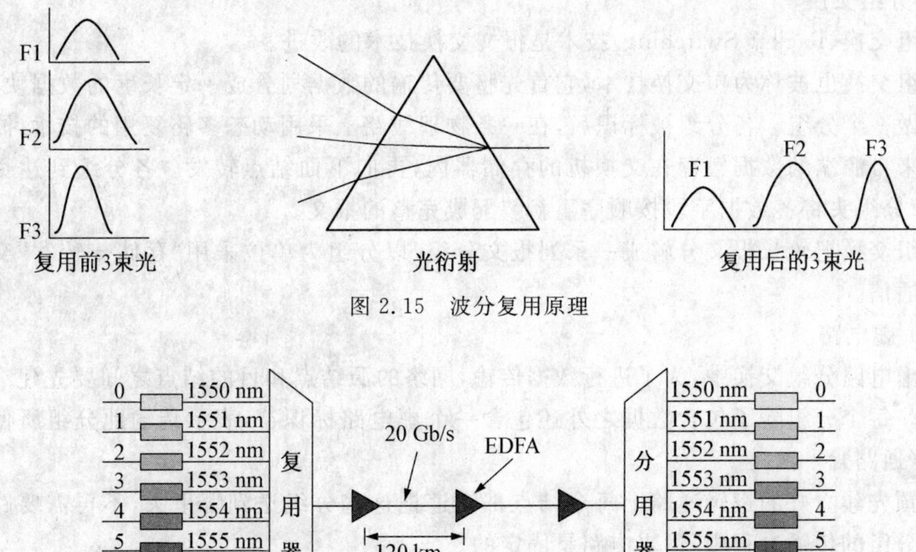

图 2.15　波分复用原理

图 2.16　波分复用

2.1.7　数据交换技术

大型网络一般都采用点到点信道，而点到点信道是使用存储转发方式传送数据的，也就是说从源结点到目的结点的数据通信需要经过若干个中间结点转发。这种数据的转发所使用的技术就是数据交换技术。

数据交换技术主要有三种类型：电路交换、报文交换和分组交换。

1. 电路交换(Circuits Switching)

交换的概念最早来自于电话系统。当用户进行拨号时，电话系统中的交换机(Telephone Switch)在呼叫者的电话与接收者的电话之间就建立了一条实际物理线路(这条物理线路可能包括双绞线、同轴电缆、光纤或无线电路在内的各种介质，或是经过多路复用得到的带宽)。它使通话建立起来，此后两端的电话拥有该专用线路，直到通话结束。这里所称的交换体现在电话交换机内部。

2. 报文交换(Message Switching)

报文交换方式的数据传输单位是报文，其长度不受限制而且是可变的。

当一个站点要发送报文时，它将一个目的地址附加到报文上；网络结点根据报文上的目的地址信息，把报文发送到下一个结点，再从此结点到彼结点，直到转送到目的结点。每个结点在收到整个报文并检查无误后，暂存这个报文，然后利用路由信息找出下一个结点的地址，再把整个报文传送给下一个结点。

以上这种技术被称为存储转发。在源端与目的端之间无需事先建立物理电路。

3. 分组交换

分组交换(Packet Switching)技术是报文交换技术的改进。

分组交换也被称为包交换技术,它首先将要传输的数据划分成一定长度的数据块,每个部分叫做一个分组。各分组被标识后,在一条物理线路上采用动态多路复用的技术,同时传送。把来自源端的数据暂存在交换机的存储器内,再向下面结点转发。各分组到达目的端后,去掉分组头将各数据字段按顺序重新装配成完整的报文。

分组交换把较长报文分解成一系列报文分组,以分组为单位采用"存储一转发"交换方式进行通信。

(1) 虚电路

在虚电路分组交换中,为了进行数据传输,网络的源结点和目的结点之间要先建一条逻辑通路。每个分组除了包含数据之外还包含一个虚电路标识符,表示传输此分组所使用逻辑连接(通路)。

在预先建立好的逻辑通路上每个结点都知道把这些分组送到哪里去,不再需要路由选择。在分组的传输过程中,逻辑电路是固定的。

最后,由某一个站点用清除请求分组来结束这次连接。

虚电路包括交换虚电路(SVC)和永久虚电路(PVC)两种类型。

(2) 数据报

每个数据报自身携带足够的地址信息。当一个结点接收到一个数据报后,根据数据报中的地址信息和结点所储存的路由信息,找出一个合适的出路,把数据报发送到下一结点。由于各数据报所走的路径不一定相同,因此不能保证各个数据报按顺序到达目的地,有的数据报甚至会中途丢失。

在整个传输过程中,不需要建立虚电路,但要为每个数据报做出路由选择。

2.1.8 信道的技术指标

信道性能的好坏直接影响到网络的性能,评价一条信道的好坏,需要系列评价指标。在2.1.2小节中,已经介绍了按信道传输的信号类型,可将信道划分为模拟信道和数字信道。

模拟信道是指传输模拟信号的信道,数字信道是指传输数字信号的信道。衡量一个信道的质量和性能,目前主要参考以下信道的技术指标。

1. 数据与信号传输速率

(1) 数据传输速率

每秒传输二进制数据的位数,单位为位/秒,或 bps,也可以写成b/s。计算公式:

$$S=\frac{1}{T}\log_2 N(\text{bps})$$

式中:T 是一个数字脉冲信号的宽度或周期,单位为秒;N 为一个码元的离散值个数,通常 $N=2K$,K 为二进制信息的位数,$K=\log_2 N$。$N=2$ 时,$S=1/T=f$,数据传输速率等于码元脉冲的重复频率。

(2) 信号传输速率

单位时间内通过信道传输的码元数，是调制后模拟信号每秒钟内变化的次数，单位为波特(Baud)，这个速率也被称为波特率。计算公式：

$$B=1/T\ (\text{Baud})$$

式中：T 为信号码元的宽度，单位为秒。

由前两公式得出：

$$S=B\cdot\log_2 N\quad(\text{bps})\ \text{或}\quad B=S/\log_2 N\quad(\text{Baud})$$

【例 2-1】 采用四相调制方式，即 $N=4$，且 $T=833\times10^{-6}$ 秒，则

$$S=1/T\cdot\log_2 N=1/(833\times10^{-6})\cdot\log_2 4=2400\ (\text{bps})$$

$$B=1/T=1/(833\times10^{-6})=1200\ (\text{Baud})$$

2. 信道容量

信道容量表示一个信道的最大数据传输速率，是一个极限参数，单位为位/秒(bps)。信道容量与数据传输速率的区别是：前者表示信道的最大数据传输速率，是信道传输数据能力的极限；后者是实际的数据传输速率。

3. 奈奎斯特准则

1924 年，奈奎斯特(Nyquist)推导出奈奎斯特准则，用来计算通讯系统的极限传输速度。奈奎斯特(Nyquist)无噪声下的码元速率极限值 B 与信道带宽(频率范围)W 的关系如下：

$$B=2W\ (\text{Baud})=2W\ \log_2 N(\text{bps})$$

式中：W 为信道的带宽，即信道传输上、下限频率的差值，单位为 Hz；N 为一个码元所取的离散值个数；信道的带宽与 B 成正比。

【例 2-2】 普通电话线路带宽约 3kHz，则码元速率极限值为 $B=2\times W=2\times3\text{k}=6\text{kBaud}$；若码元的离散值个数 $N=8$，那么最大数据传输速率 $C=2\times3\text{k}\times\log_2 8=18\text{kbps}$。

4. 香农公式

1948 年，香农(Shannon)研究了带噪声信道容量公式：

$$C=W\log_2\left(1+\frac{S}{N}\right)$$

式中：S 为信号功率，N 为噪声功率，S/N 为信噪比；通常把信噪比表示成 $10\lg(S/N)$ 分贝(dB)；信道的带宽越宽，极限数据率越高；信噪比越高，极限数据率越高。香农公式被用来计算数据发送源到数据接收目的地之间信道极限传输速率。

【例 2-3】 已知信噪比为 30dB，带宽为 6kHz，求信道的最大数据传输速率。

因为 $10\lg(S/N)=30$，推出 $S/N=10^{30/10}=1000$

所以 $C=6\text{k}\log_2(1+1000)\approx30\text{k}(\text{bps})$

5. 误码率

误码率(Pe)是二进制数据位传输时出错的比率,是衡量数据通信系统在正常工作情况下的传输可靠性的指标。误码率公式:

$$Pe = Ne/N$$

式中:Ne 为其中出错的位数;N 为传输的总数据位数。

【例 2-4】 已知一个二进制数字通信系统的信息速率为 3000b/s,在接收端 10 分钟内共测得出现了 18 个错误码元,试求出系统的误码率。

依题意得出系统误码率$=18/(3000\times10\times60)=1\times10^{-5}$

2.2 传输介质

传输介质是数据传输的媒体,在计算机与传输设备之间、传输设备与传输设备之间必须有传输介质。传输介质通常分为有线介质和无线介质两类。有线介质将信号约束在一个物理导体之内,如双绞线、同轴电缆和光纤等;无线介质不能将信号约束在某个空间范围之内。

2.2.1 有线介质

1. 双绞线

双绞线(Twisted Pair,TP)是目前使用最广,价格相对便宜的一种传输介质。

(1) 双绞线的物理结构

双绞线是由两条相互绝缘的铜导线组成,其中导线的典型直径为 1mm,两条线扭绞在一起,可以减少对邻近线对的电气干扰。

由若干对双绞线构成的电缆被称为双绞线电缆。双绞线对可以并排放在保护套中。图 2.17 是双绞线的图示。

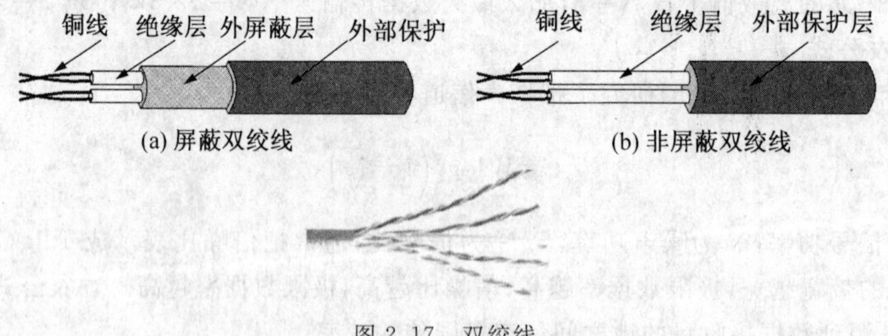

图 2.17 双绞线

(2) 双绞线的特点

双绞线可以传输模拟信号,也可以传输数字信号。用双绞线传输数字信号时,其数据传输率与电缆的长度有关。从几米到几公里,数据传输率可以达 1000Mbps~10Gbps,短距离传输甚至可达 10Gbps 以上。双绞线有以下两种类型。

① UTP(非屏蔽双绞线)：其特点是误码率为 10^{-5}～10^{-6}，速率为 1～155Mbps，100m/段。

② STP(屏蔽双绞线)：其特点是误码率为 10^{-6}～10^{-8}，速率超过 500Mbps，100m/段。

双绞线的技术和标准都是比较成熟的，价格比较低廉，而且双绞线电缆的安装相对容易。

双绞线电缆的最大缺点是对电磁干扰比较敏感，双绞线电缆不能支持非常高速的数据传输。

(3) 双绞线的应用

目前双绞线电缆被广泛应用于电话系统和局域网室内布线。在双绞线中传输的信号在几公里范围内无需放大，但传输距离比较远时必须使用放大器。在本章的实验中将制作双绞线。

(4) 双绞线的标准

双绞线的标准主要是以下两个：

① EIA(电子工业协会)的 TIA(远程通信工业分会)，即通常所说的 EIA/TIA。EIA 负责"Cat"(即"Category")系列非屏蔽双绞线(Unshielded Twisted Pair，UTP)标准。其中 Cat 1 适用于电话和低速数据通信；Cat 2 适用于 ISDN 及 T1 / E1、支持高达 16MHz 的数据通信；Cat 3 适用于 10Base - T 或 100Mbps 的 100Base - T4、支持高达 20MHz 的数据通信；Cat 5 适用于 100Mbps 的 100Base - TX 和 100 Base - T4、支持高达 100MHz 的数据通信。

② IBM，IBM 负责"Type"系列屏蔽双绞线标准，如 IBM 的 Type 1、Type 2 等。

2. 同轴电缆

常见的同轴电缆(Coaxial Cable)就是电视天线，与网络中使用的同轴不同在于电阻，基本结构参见图 2.18。

外导体是一个由金属丝编织而成的圆形空管，内导体是圆形的金属芯线。

电阻为 50Ω 的基带同轴电缆，被用于局域网(目前已经逐渐退出市场)，另一种是阻抗为 75Ω 的宽带同轴电缆，被广泛用于电视天线。

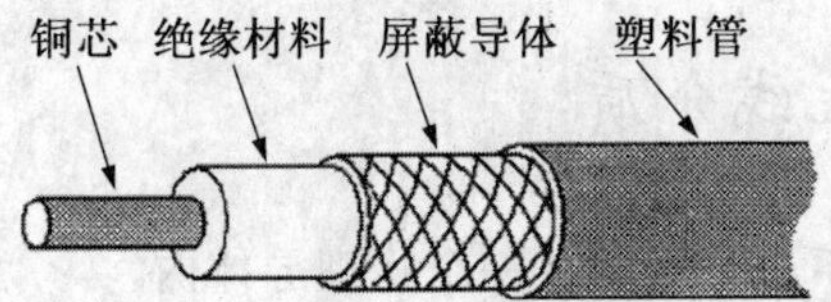

图 2.18 同轴电缆

3. 光纤

光传输系统由三个部分组成：光纤传输介质、光源和检测器。

(1) 光纤传输介质是超细玻璃或熔硅纤维，光脉冲的出现表示"1"，不出现表示"0"。

(2) 光源是发光二极管(Light Emitting Diode，LED)或激光二极管。这两种二极管在通电时都发出光脉冲。

(3) 检测器是光电二极管，遇到光时，它产生一个电脉冲。

在光纤的一端安装一个LED或激光二极管，另一端安装一个光电二极管，就组成了一个单向的数据传输系统。图2.19为光缆的结构图示。

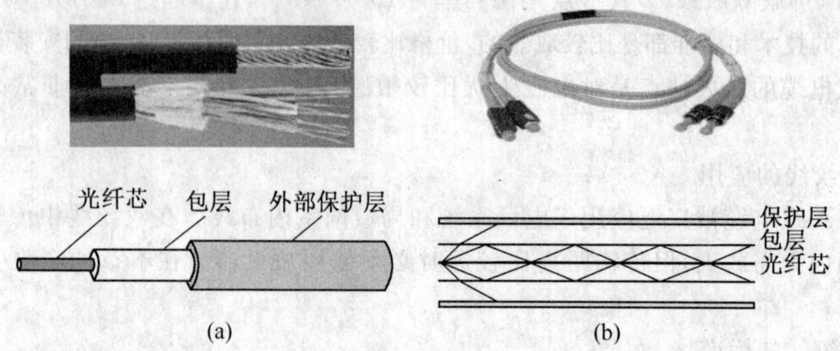

图2.19 光缆的结构

光纤通信的优点是频带宽、传输容量大、重量轻、尺寸小、保密性强、原料丰富、生产成本低、抗电磁干扰性强、误码率低。

光纤分为多模和单模两种。表2.1是两种光纤的性能比较。

表2.1 单模光纤与多模光纤的比较

项目	单模光纤	多模光纤
距离	长	短
数据传输率	高	低
光源	激光	发光二极管
信号衰减	小	大
端接	较难	较易
造价	高	低

2.2.2 无线介质

无线介质是指信号通过空气传输，即信号不会被限制在一个物理导体内。

1. 无线电波

大气中的电离层是具有离子和自由电子的导电层，无线通信是利用地面发射的无线电波通过电离层的反射，或电离层与地面多次反射而到达接收端的一种远距离通信方式。

无线电波被广泛应用于通信的原因是它传播的距离可以很远，很容易穿过建筑物；而且，无线电波是全方向传播的，因此无线电波的发射和接收装置不必要求精确对准。

无线电波的传播特性与频率有关。在低频上，无线电波能轻易地绕过一般障碍物，但其能量随着传播距离的增大而急剧衰减。在高频上，无线电波趋于直线传播并易受障碍物的阻挡，会被雨水吸收。

无线电波的缺陷是,所有频率都很容易受到其他电子设备的各种电磁干扰。

2. 微波通信

微波数据通信系统有两种形式:地面系统和卫星系统。

(1) 地面系统

由于微波是在空间直线传播的,如果在地面传播,因为地球表面是一个曲面,其传播距离受到限制,所以采用微波传输的站必须安装在视线内,传输的频率为 4 GHz～6 GHz 和 21 GHz～23 GHz,传输距离一般只有 50 km 左右。为了实现远距离通信,必须在一条无线通信信道的两个终端之间增加若干个中继站,通过中继站把前一站送来的信息经过放大后送到下一站,见图 2.20(a)。

(2) 卫星系统

另一种微波通信采用的是卫星微波,卫星在发送站和接收站之间反射信号,见图 2.20(b),传输的频率为11 GHz～14 GHz。

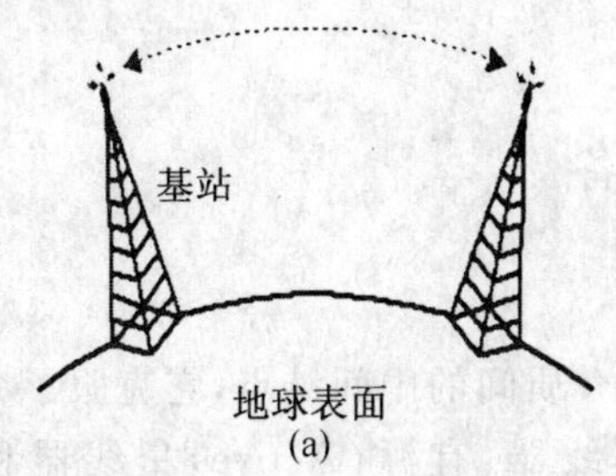

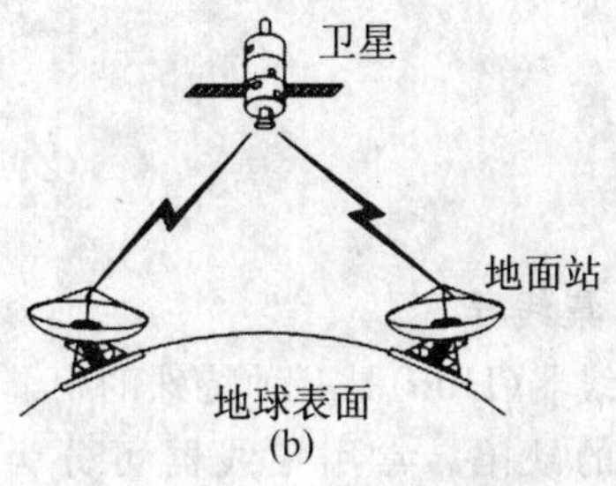

图 2.20　微波通信

3. 激光通信和红外线通信

激光通信优点是带宽更高、方向性好、保密性能好等,激光通信多用于短距离的传输。激光通信的缺点是其传输效率受天气影响较大。

红外线通信不受电磁干扰和射频干扰的影响。红外无线传输建立在红外线光的基础上,采用光发射二极管、激光二极管或光电二极管来进行站点与站点之间的数据交换。

2.3　网络部件和设备

2.3.1　网络传输介质连接器

连接器的作用是把传输介质和网络设备连接起来。常用的网络传输介质连接器包括屏蔽或非屏蔽双绞线连接器和光纤连接器。

1. 屏蔽或非屏蔽双绞线连接器 RJ-45

RJ-45 非屏蔽双绞线连接器有 8 根针脚,在 10Base-T 标准中,使用 4 根针脚,即第 1 对双绞线使用第 1 针和第 2 针,第 2 对双绞线使用第 3 针和第 6 针(第 3 对和第 4 对作备用)。

图 2.21 所示为 RJ-45 接口。

图 2.21 RJ-45 接口

2. 光纤连接器

图 2.22 为一光纤连接器举例。

图 2.22 光纤连接器

2.3.2 网络设备

1. 集线器

集线器(Hub)是一种特殊的中继器,作为网络传输介质间的中间结点,它克服了介质单一通道的缺陷。常用集线器可分为无源(Passive)集线器、有源(Active)集线器和智能(Intelligent)集线器。见图 2.23。

图 2.23 Hub 集线器

2. 交换机

交换机在网络中的作用和地位很重要。它在电话网络中,用来传递语音;在局域网络中被广泛用来连接不同部门网络或若干台计算机。图 2.24 所示为多种类型的交换机。

图 2.24 多种类型的交换机

交换机的多个端口可以连接多个相同类型的子网，也可以连接若干计算机；可以在多对端口之间同时实现数据的高速转发。目前，交换机已经成为网络互联的最佳设备，应用十分广泛。图 2.25 所示为交换机组建的局域网。

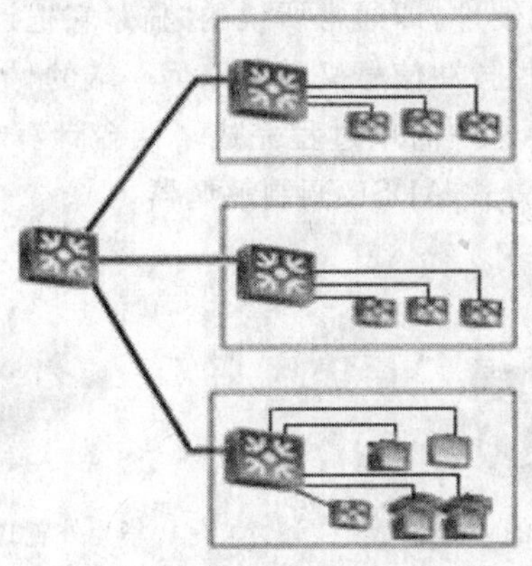

图 2.25　交换机组建的局域网

3. 路由器

路由器是连接不同网络的核心设备，是工作在 OSI 参考模型网络层的数据分组(包)转发设备。路由器通过转发数据包实现网络互联，它通常连接两个或多个子网或点到点的逻辑端口，至少拥有 1 个物理端口。

路由器的主要工作是为经过路由器的每个数据包寻找一条最佳传输路径，并将该数据包有效地传送到目的站点，因此选择最佳路径的策略即路由算法是路由器的关键所在。为了完成这项工作，在路由器中保存着各种传输路径的相关数据的路由表(Routing Table)，供路由选择时使用。路由表中保存着子网的标志信息、路由器个数和下一个路由器名字等内容。路由表可以由系统管理员设置成固定的配置，也可以由系统动态修改。

路由器根据收到数据包中的网络地址和路由器路由表决定输出端口以及下一跳(转发给下一个路由器)地址。路由器通常采用动态维护路由表来反映当前的网络拓扑。路由器通过与网络上其他路由器交换路由和链路信息来维护路由表内容。

2.3.3　网　　卡

网卡又被称为网络接口卡(Network Interface Card，NIC)，被插在计算机主板扩展槽中，通过收发器电缆连接到收发器上。在局域网中，网卡的任务之一是将工作站数据送入网络，或从网络接收其他设备发送过来的数据，并将它送给工作站。图 2.26 是两种型号的网卡。

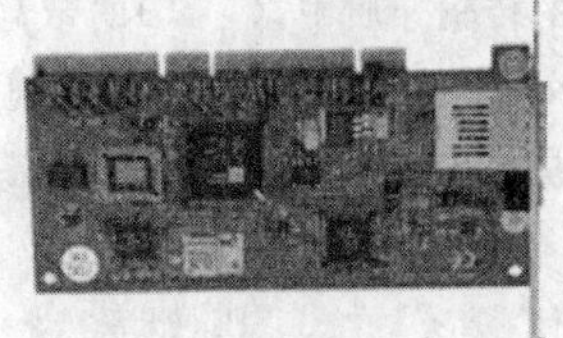

图 2.26　网卡

2.3.4 调制解调器

调制解调器是一种计算机硬件，即通常所说的"猫"，它把计算机数字信号翻译成可沿普通电话线传送的脉冲信号，这些脉冲信号又被线路另一端的另一个调制解调器接收，并翻译成计算机可识别的数字信号。这一简单过程完成了两台计算机间的通信。图 2.27 分别为一个内置的 Modem 和一个外置式 ADSL 调制解调器。

TP-LINK内置的Modem

华为外置式ADSL Modem

图 2.27 Modem 举例

【本章小结】

本章重点讲解了数据通信技术、网络传输介质、网络配件和设备、交换技术以及多路复用技术等内容。目的是让读者了解网络技术和设备等基本内容，为后续课程奠定基础。

【本章难点】

(1) 相位调制技术与速度的关系。

(2) 各种设备的不同功能。

(3) 传输介质的特性。

★★★ 习 题 2 ★★★

一、选择题

1. 信道容量表示一个(　　)的最大数据传输速率，单位为 b/s(bps)。

A. 接口　　B. 信道　　C. 服务　　D. 网络

2. 多路复用技术是有效提高通信线路利用率的手段和方法，能够利用一个通信信道传输(　　)信号。

A. 多路　　B. 无数　　C. 一路　　D. 网络

3. 可以传输模拟信号的传输介质是(　　)。

A. 同轴和光纤　　B. 双绞线　　C. 微波和光纤　　D. 以上都不是

4. 在常用的传输介质中，(　　)的带宽最宽，信号传输衰减最小，抗干扰能力最强。

A. 双绞线　　B. 同轴电缆　　C. 光纤　　D. 微波

5. 误码率是二进制数据位传输时出错的(①)，是衡量数据通信系统在正常工作情况下传输(②)的指标。

① A. 比率　　B. 概率　　C. 字节数　　D. 位数

② A. 速度　　B. 质量　　C. 带宽　　D. 延迟

6. 常用的数据传输速率单位有 kbps、Mbps、Gbps、与 Tbps。1Mbps 等于（　　）。

A. 1×1013bps　　B. 1×1016bps　　C. 1×1012bps　　D. 1×1024kbps

7. 香农定理描述了信道带宽与哪些参数之间的关系？

Ⅰ—最大传输速率，Ⅱ—信号功率，Ⅲ—功率噪声（　　）。

A. Ⅰ、Ⅱ和Ⅲ　　B. 仅Ⅰ和Ⅱ　　C. 仅Ⅰ和Ⅲ　　D. 仅Ⅱ和Ⅲ

二、简答题

1. 从传输介质的性能和价格考虑，在室内采用什么传输介质比较好？简单阐述理由。
2. 阐述频率调制的基本原理是什么？
3. 计算机中的数据是什么类型的？
4. ADSL 宽带中，为什么在计算机前端使用 Modem？
5. 使用同步技术的目的是什么？

实验一　学习双绞线制作方法

【实验目的】

(1) 学习双绞线接头的制作方法。

(2) 学习利用双绞线连接交换机和计算机的方法。

【实验内容】

(1) 制作双绞线接头(RJ-45)。

(2) 连接交换机和计算机。

(3) 测试网络的连通性。

【课时】 2

【实验要求】

(1) 掌握 RJ-45 水晶头的制作方法。

(2) 掌握设备的连接和测试网络连通性的方法。

【实验环境】

(1) 两台计算机，一台交换机。

(2) 双绞线和水晶头。

(3) 剥线钳和压线钳。

【实验步骤】

1. 制作双绞线的水晶接头

(1) 网线的标准和连接方法

① 双绞线做法有两种国际标准：EIA/TIA568A 和 EIA/TIA568B。

② 双绞线的连接方法主要有两种：直通线缆和交叉线缆。

③ 直通线缆的水镜头两端都遵循 568A 或 568B 标准，双绞线的每组线在两端是一一对应的，颜色相同的在两端水晶头的相应槽中保持一致。它主要用在交换机（或集线器）

Uplink 口连接交换机(或集线器)普通端口或交换机普通端口连接计算机网卡上。

④ 交叉线缆的水晶头一端遵循 568A 标准,而另一端则采用 568B 标准,即 A 水晶头的 1、2 对应 B 水晶头的 3、6,而 A 水晶头的 3、6 对应 B 水晶头的 1、2,它主要用在交换机(或集线器)普通端口连接到交换机(或集线器)普通端口或网卡连接到网卡上。

T568A 标准描述的线序从左到右依次为(如图 2.28 所示):

1-白绿、2-绿、3-白橙、4-蓝、5-白蓝、6-橙、7-白棕、8-棕。

T568B 标准描述的线序从左到右依次为:

1-白橙、2-橙、3-白绿、4-蓝、5-白蓝、6-绿、7-白棕、8-棕。

在网络施工中,建议使用 T568B 标准。对于一般的布线系统工程,T568A 也同样适用。

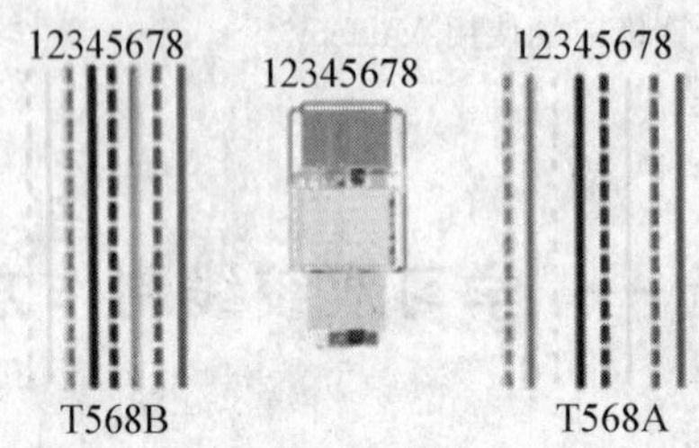

图 2.28 T568A/T568B 制作图

(2) 制作

① 剪断。利用压线钳的剪线刀口剪取适当长度的网线。常见的压线组与专用剥线钳如图 2.29 所示。

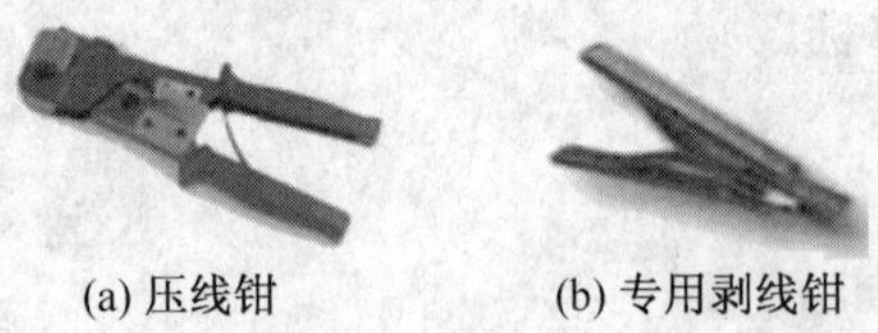

图 2.29 压线/剥线钳

② 剥皮。用压线钳的剪线刀口将线头剪齐,再将线头放入剥线刀口,让线头触及挡板,稍微握紧压线钳慢慢旋转,让刀口划开双绞线的保护胶皮,剥下胶皮。

【提示】

网线钳挡位离剥线刀口长度通常恰好为水晶头长度,这样可以有效避免剥线过长或过短。剥线过长一则不美观,另一方面因网线不能被水晶头卡住,容易松动;剥线过短,则会因包皮太厚,不能完全插到水晶头底部,造成水晶头插针不能与网线芯线完好接触。

③ 排序。剥除外包皮后可见到双绞线网线的 4 对 8 条芯线,可以看到每对的颜色都不同。每对缠绕的两根芯线是由一种染有相应颜色的芯线加上一条只染有少许相应颜色的白色相间芯线组成。四条全色芯线的颜色为:棕色、橙色、绿色、蓝色。

每对线相互缠绕在一起,制作网线时必须将 4 个线对的 8 条细导线一一拆开、理顺、捋直,然后按照规定的线序排列整齐。

排列水晶头 8 根针脚:

将水晶头有塑料弹簧片的一面向下,有针脚的一方向上,使有针脚的一端指向远离自己的方向,有方型孔的一端对着自己,此时,最左边的是第 1 脚,最右边的是第 8 脚,其余依次顺序排列。

标准	1	2	3	4	5	6	7	8
T568A	白绿	绿	白橙	蓝	白蓝	橙	白棕	棕
T568B	白橙	橙	白绿	蓝	白蓝	绿	白棕	棕
绕对	同一		与 6	同一		与 3	同一	

④ 剪齐。把线尽量抻直(不要缠绕)、压平(不要重叠)、挤紧理顺(朝一个方向紧靠),然后用压线钳把线头剪平齐。这样可以保证双绞线插入水晶头后,每条线都能良好接触水晶头中的插针,避免接触不良。如果以前剥的皮过长,可以在这里将过长的细线剪短,保留去掉外层绝缘皮的部分约为 14mm,这个长度恰好能将各细导线插入到各自的线槽。如果该段留得过长,一则由于线对不再互绞而增加串扰,二则由于水晶头不能压住护套而可能导致电缆从水晶头中脱出,造成线路的接触不良甚至中断。

⑤ 插入。一手用拇指和中指捏住水晶头,使有塑料弹片的一侧向下,针脚一方朝向远离自己的方向,并用食指抵住;另一手捏住双绞线外面的胶皮,缓缓用力将 8 条导线同时插入到水晶头内的 8 个线槽,一直插到线槽的顶端。

⑥ 压制。确认所有线都到位,并透过水晶头检查一遍线序无误后,可以用压线钳压制 RJ-45头,将水晶头从无牙的一侧推入压线钳夹槽后,用力握紧线钳即可。图 2.30 所示为 RJ-45 实物。

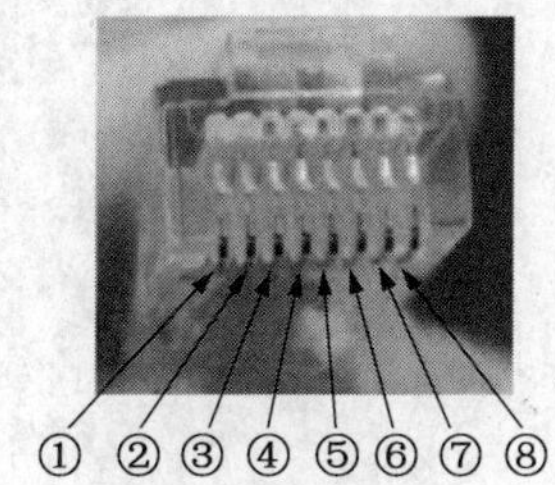

图 2.30　RJ-45 实物图

2. 连接设备

这个步骤的主要工作是将交换机和计算机连接起来。

(1) 将做好的双绞线一端的 RJ-45 接头插在交换机的一个端口里;另一端接头插在计算机的网卡上。参见图 2.31。

(2) 注意:在交换机的接口中有特殊端口,不能用于普通的网络连接中。建议在使用交换机前认真阅读使用说明。

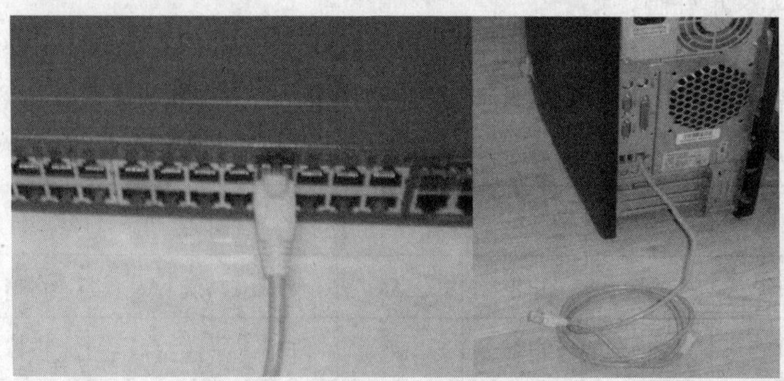

图 2.31　交换机与计算机连接图

【问题与思考】

(1) 如何制作两台计算机对接的双绞线水晶头?

(2) 交换机的端口数与网络的规模有没有直接的关系?

第3章　局域网基础知识

在第1章中，我们介绍了按照地理范围划分，范围最小的是局域网(LAN)。局域网是本地用户接入Internet网络的重要方式。例如校园网、小区网络、医院网络都是接入互联网的常用方式。

本章介绍局域网的定义和设备、局域网的类型、局域网组建、Ethernet技术、无线网络、VLAN等内容。希望通过本章的学习，掌握局域网的类型、相关的网络协议、解决冲突的原理和方法，掌握局域网络的设备的使用，学习组建局域网络的技术和方法。

【本章主要内容】

- 局域网设备和部件。
- 组建局域网方法。
- 以太网技术。
- 局域网举例。

3.1　局域网定义和类型

3.1.1　局域网的定义和特点

局域网是指把有限地理范围内的通信设备(计算机、交换机、打印机等)互连起来的计算机网络。其应用范围很广，一般在办公室、实验室、企业、医院、学校、居民小区以及家庭中均使用局域网。

局域网的性能主要由网络的拓扑结构、传输介质的性能以及介质访问控制方法决定。

1. 从地理范围的角度来看

(1) 局域网覆盖有限的地理范围，适用于校园、机关、公司、工厂等有限范围内的计算机、终端与各类信息处理设备联网的需求。

(2) 局域网的数据传输速率高，可以获得从10Mbps到10Gbps传输速度。随着网络技术的发展，未来可能还可以获得更高的传输速度。

(3) 局域网具有低误码率的高质量传输环境，数据的传输延迟时间短，但连接能力有限。

2. 从功能的角度来看

(1) 仅仅使用网络的低二层和应用层协议，并且低二层协议比较简单，没有单独的网络层。

(2) 局域网中，一般采用广播式发送信息方式，如果不采用全双工通信，则数据传输共享传输介质，容易产生碰撞，所以必须采用介质访问控制技术，例如CSMA/CD、Token Ring等以保证数据传输的效率。

3.1.2 局域网类型

目前常见的局域网类型包括以太网(Ethernet)、光纤分布式数据接口网(FDDI)、异步传输模式网(ATM)、令牌环网(Token Ring)等。其中应用最广泛的当属以太网，这是一种广播式的局域网，是目前发展最迅速也最经济的局域网之一，并且具有很强的可升级性。

这些类型的局域网络在拓扑结构、传输介质、传输速率、数据格式等诸多方面各有不同。在此简单介绍以太网、光纤分布式数据接口网和异步传输模式网。

1. 以太网(Ethernet)技术

以太网(Ethernet)是最有代表性的局域网络，也是使用范围最广泛的网络。早期以太网传输速率仅为10Mbps，目前的以太网技术可将主干网速度提高到10Gbps或者更高。

(1) 以太网技术标准

最初由Xerox公司于1975年研制成功，1979年7月到1982年期间，DEC、Intel和Xerox三家公司制订了以太网的技术规范DIX，以此为基础形成的IEEE 802.3以太网标准在1989年正式成为国际标准。

经过20多年的发展，以太网技术产生了多种技术标准。以下简单介绍以太网的多种标准。

① 10Base-5标准是原始的以太网标准。它规定：使用直径10mm的50Ω粗同轴电缆作为数据传输介质，采用总线拓扑结构，站点网卡的接口为DB-15连接器；每个网段允许有100个站点，每个网段最大允许距离为500m，网络直径为2500m，即可由5个500m长的网段和4个中继器组成；基带传输速率为10Mbps，并采用曼彻斯特编码传输数据。

② 10Base-2标准是为了降低10Base-5的安装成本和复杂性而设计的标准。它使用廉价的R9-58型50Ω细同轴电缆，总线拓扑结构，网卡通过T形接头连接到细同轴电缆上，末端连接50Ω端接器；每个网段允许30个站点，每个网段最大允许距离为185m，保持了10Base-5的4个中继器和5个网段的结构，允许的最大网络直径为925m；基带传输速率为10Mbps，也采用曼彻斯特编码传输数据。

与10Base-5相比，10Base-2以太网更容易安装，更容易增加新站点，且能大幅度降低费用。

以上两种标准基本已经成为历史，不再被真正应用于实际网络了。

③ 10Base-T是1990年通过的以太网物理层标准。该标准使用两对非屏蔽双绞线(UTP)：一对线发送数据，另一对线接收数据；使用RJ-45作为端接器，采用星型拓扑结构；站点到中继器和中继器到中继器的最大距离为100m；保持了10Base-5的4个中继器与5个网段的结构，使10Base-T局域网的最大直径达到500m。

双绞线以太网是以太网技术的主要进步之一，10Base-T因为价格便宜、配置灵活和易于管理而流行起来，成为桌面接入的主要形式之一。

(2) 快速以太网(Fast Ethernet)

100Base-T 是以太网标准的快速以太网 100Mbps 的标准版,是 1995 年 5 月正式通过的快速以太网规范,也被称为 IEEE802.3u 标准。它采用星型拓扑结构,包含 4 个不同的物理层规范,并且包含网络拓扑方面的若干新规则。

① 100Base-TX:此标准使用两对 5 类非屏蔽双绞线或 1 类屏蔽双绞线,其中一对线用于发送数据,另一对线用于接收数据,最大网段长度为 100m;采用 4B/5B 编码,以 125MHz 的频率串行传输数据。IEEE 802.3u 规范采用三电平符号传输系统取代 10Base-T 的两电平曼彻斯特编码。

4B/5B 编码是将 4 位数据半字节转换为 5 位编码,目的是实现错误检测和增加控制码,例如数据流起始和终止定界符。将信号传输率提高到 125 Mbps,可补偿 4B/5B 内在的 20%数据传输效率,但是这种带宽增加所产生的频谱会被曼彻斯特编码扩展到数百兆赫。使用多电平传输-3 波形法,把信号频率降低到 125MHz 的 1/3,即 41.6MHz。

100Base-TX 是 100Base-T 标准中使用最广泛的物理层规范。

② 100Base-FX:此标准使用多模(62.5 或 125um)或单模光纤。它对于多模光纤的交换机到交换机连接、交换机到网卡的连接,最大允许长度达 412m,如果采用全双工链路,则可达到 2000m。它主要用于高速主干网或远距离连接,或用于有强电气干扰的环境,或用于要求有较高安全保密链接的环境。

③ 自动协商模式:在 100Base-T 被颁布之后,使用 RJ-45 连接器可以发送或接收的信号在 5 种以上,包括 10Base-T、10Base-T 全双工、100Base-TX、100Base-TX 全双工和 100Base-T4。

为了简化管理,IEEE(国际电气工程师协会)推出了 Nway(IEEE 自动协商模式),使得集线器和网卡可以了解线路另一端可能的速度,并把速度自动调节到线路两端都能达到的最高速度。例如,优先的顺序是 100Base-TX 全双工、100Base-T4、100Base-TX、100Base-T 全双工和 10Base-T。

网卡或其他网络设备的技术参数里,可以发现技术指标标示的速度为 10Mbps/100Mbps,就说明这种部件或设备采用了自动协商模式。

这种技术避免了由于信号不兼容可能造成的网络故障。具有这种特性的装置也允许采用人工选择的模式。

(3) 千兆以太网(Gigabit Ethernet)

千兆以太网技术是比较新的高速以太网技术,通常作为提高核心网络传输能力的有效解决方案。其最大优点是继承了传统以太网技术价格便宜的优点,当以太网升级时,无需改变网络应用程序、网管部件和网络操作系统,既方便又经济。

千兆以太网技术本质上仍然是以太网技术,采用与 10M 以太网相同的帧格式、帧结构、网络协议、全/半双工工作方式,流控模式以及布线系统。该技术不改变传统以太网的桌面应用、操作系统,因此可与 10M 或 100M 的以太网很好地配合工作,兼容性好。

① 千兆以太网技术标准:共有两个,即 IEEE 802.3z 和 IEEE 802.3ab。前者是针对光纤和短程铜线连接方案的标准,后者是针对 5 类双绞线上较长距离连接方案的标准。

- IEEE 802.3z:该标准定义了基于光纤和短距离铜缆的 1000Base-X 标准,采用 8B/10B

编码技术，信道传输速度为 1.25Gbps，实际可以实现 1000Mbps 的传输速度。

IEEE 802.3z 具有如下千兆以太网标准。

1000Base-SX 标准：只支持多模光纤，可以采用直径为 62.5μm 或 50μm 的多模光纤，工作波长为 770～860nm，传输距离为 220～550m。

1000Base-LX 标准：1000Base-LX 是定义在 IEEE 802.3z 中的针对光纤布线吉比特以太网的一个物理层规范。LX 代表长波长，1000Base-LX 标准对应于 802.11z 标准，既可以使用单模光纤也可以使用多模光纤。1000Base-LX 标准所使用的光纤主要包括 62.5μm 多模光纤、50μm 多模光纤和 9μm 单模光纤，其中多模光纤的最大传输距离为 550m，单模光纤的最大传输距离为 3km。1000Base-LX 标准采用 8B/10B 编码方式，使用的长波激光信号源，波长为 1270～1355nm。针对多模光纤，1000Base-LX 可以采用直径为 62.5μm 或 50μm 的多模光纤，其工作波长范围为 1270～1355nm，传输距离可达到 550m。针对单模光纤，1000Base-LX 可以支持工作波长范围为 1270～1355nm，传输距离可达到 5km 左右。

1000Base-CX 标准：对应于 802.11z 标准，使用铜缆作为传输介质，使用 9 芯 D 型连接器连接电缆，最大传输距离 25m。1000Base-CX 标准采用 8B/10B 编码方式，适用于交换机之间的连接，尤其适用于主干交换机和主服务器之间的短距离连接。

- IEEE 802.3ab：该标准定义了基于 5 类 UTP 的 1000Base-T 标准，速率为 1000Mbps，传输距离为 100m。1000Base-T 标准是 1999 年 6 月被 IEEE 标准化委员会批准的标准，这项技术使用现有的 5 类铜线，目前被最广泛安装在局域网上，提供 1000Mbps 速度；不支持 8B/10B 编码方式，但采用更加复杂的编码方式。1000Base-T 标准的优点是可以在原来 100Base-T 的基础上进行平滑升级到 1000Base-T。1000Base-T 与 10Base-T、100Base-T 标准完全兼容。

② 千兆以太网的特点。

- 简单：由于千兆以太网继承了以太网和快速以太网的简易性，因此其技术原理、安装实施和管理维护都很简单。
- 扩展性好：由于千兆以太网采用了以太网和快速以太网的基本技术，因此由10Base-T、100Base-T 升级到千兆以太网非常容易。
- 可靠：由于千兆以太网保持了以太网和快速以太网的安装维护方法，采用星型网络结构，因此网络具有很高的可靠性。
- 经济：由于千兆以太网继承了 10Base-T 和 100Base-T，所以研究成本相对较低，另外，面向 10Base-T 和 100Base-T 的升级更容易、便捷。
- 易维护：千兆以太网采用基于简单网络管理协议（SNMP）和远程网络监视（RMON）等网络管理技术，许多厂商开发了大量的网络管理软件，这使千兆以太网的集中管理和维护非常简便。

③ 千兆以太网的应用。

由于千兆以太网的带宽优势更有效，因此具有良好的发展空间，主要应用于以下几个方面。

- 构建主干网：千兆位以太网可提供超出快速以太网 10 倍以上的性能，并与现有的 10/100Mbps 以太网标准兼容。同时，由于为 10/100/1000Mbps 开发的虚拟网标准 802.1Q

以及优先级标准802.1p都被推广，千兆网已成为构成网络主干的主流技术。

● 构建城域网：随着光纤制造和传输技术的进步，千兆以太网的传输距离可以达到几十公里甚至百公里，这使千兆以太网成为城域网的一种技术选择。因为10G以太网使用多模光纤，可以支持65～300m的传输距离；使用单模光纤，可以支持10～40km的传输距离，因此10G以太网技术可以在较低的开销下，提供较高的带宽，并实现了各种网络的连接。目前，10G以太网已经成为城域网的主干网核心技术。需要说明的是，目前10G以太网（采用IEEE802.3ae）技术已经十分成熟。

2. 光纤公布式数据接口网(FDDI)

光纤分布式数据接口（FDDI）是一种使用光纤作为传输介质的高速、通用的环型网络，是目前成熟的LAN技术中的一种，既可用于城域网络又可用于小范围局域网。

(1) FDDI

FDDI使用双环结构，两个环上的数据在相反方向上传输，可以在100km以上的距离支持500台计算机。双环由主环和备用环组成，在正常情况下，主环用于数据传输，备用环闲置，从而提高了FDDI的可靠性。网络具有定时令牌（只有拿到令牌的站才能发送数据，否则只能接收）协议的特性，支持多种拓扑结构，传输介质为光纤。

(2) CCDI

CCDI是FDDI的一种变型，采用双绞铜缆为传输介质，数据传输速率通常为100Mbps。

(3) FDDI-2

FDDI-2是FDDI的扩展协议，支持语音、视频及数据传输。

(4) FDDT

FDDT是FDDI的另一个变种协议，被称为全双工技术，采用与FDDI相同的网络结构，但传输速率可以达到200Mbps。

3. 异步传输模式网(ATM)

综合业务数字网（ISDN）是集话音、图像和数据为一体的多媒体通信网。在20世纪90年代初，美国和日本已经开始了ISDN的研究和使用。B-ISDN是宽带的通信网，需要一种全新的数据传输模式，于是异步传输模式（ATM）诞生了。

1990年，国际电报电话咨询委员会（CCITT）正式建议将ATM作为实现B-ISDN的一项技术基础。这样，以ATM为机制的信息传输和交换模式也就成为电信和计算机网络操作的基础和21世纪通信的主体之一。

ATM采用基于信元的异步传输模式和虚电路结构，从根本上解决了多媒体的实时性及带宽问题：实现了面向虚链路的点到点传输，通常提供155Mbps的带宽。它既汲取了话务通信中电路交换的面向连接服务和服务质量保证，又保持了以太网、FDDI等传统网络中带宽可变、适于突发性传输的灵活性，从而成为迄今为止适用范围最广、技术最先进、传输效果最理想的网络互联手段。

ATM技术具有如下特点：

(1) 实现了网络传输有连接服务和服务质量保证（QoS）。

(2) 交换吞吐量大、带宽利用率高。

(3) 具有灵活的组网拓扑结构和负载平衡能力,伸缩性、可靠性极高。

(4) ATM 技术是现今唯一可同时应用于局域网、广域网两种网络应用领域的网络技术,是局域网与广域网技术的统一,被广泛地应用于城域网建设中。

4. 其他类型局域网

令牌环是 IBM 公司于 20 世纪 80 年代初开发成功的一种网络技术。之所以称为环,是因为这种网络的物理结构具有环的形状。环上有多个站逐个与环相连,相邻站之间是点对点的链路,因此令牌环与广播方式的 Ethernet 不同,它是顺序向下一站广播的 LAN。它与 Ethernet 不同的另一个特点是负载很重,仍具有确定的响应时间。

令牌环所遵循的标准是 IEEE 802.5,它规定了三种操作速率:1Mbps、4Mbps 和 16Mbps。

3.2 局域网的参考模型

任何网络都需要开放的通信标准,局域网络主要采用 IEEE 802 标准。

3.2.1 局域网的参考模型

局域网的体系结构一般仅包含 OSI 参考模型的最低两层:物理层和数据链路层。

1. 物理层

物理层的主要作用是确保在通信信道上二进制位信号的正确传输,其主要功能包括信号的编码与解码、同步前导码的生成与去除、二进制位信号的发送与接收、错误校验(CRC 校验)等功能。图 3.1 是局域网参考模型与 OSI 参考模型的比较。

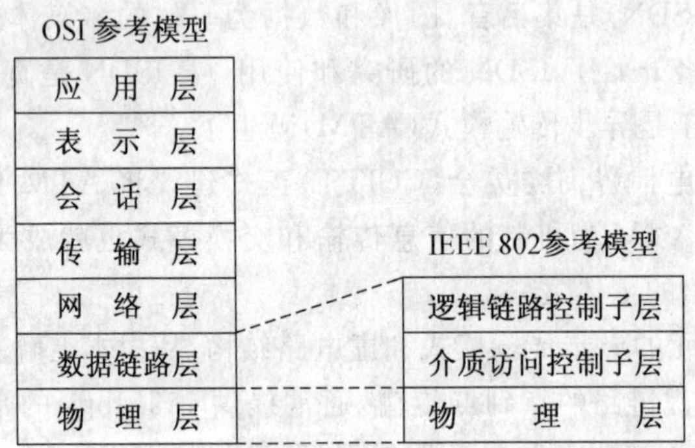

图 3.1 局域网参考模型与 OSI 参考模型的比较

2. 数据链路层

数据链路层的主要作用是介质访问控制。由于不同的局域网采用不同的数据格式、不同的传输介质、不同的网络拓扑结构,这导致介质访问控制方法也不尽相同,因此在数据链路层不可能定义一种与介质无关的统一的介质访问控制方法。为了简化协议设计的复杂性，局域网参考模型将数据链路层分为两个独立的子层：介质访问控制子层（Media Access Control，MAC）和逻辑链路控制子层（Logical Link Control，LLC）。

寻址是 Mac 子层在本地网络中的任务之一，使用 Mac 地址寻找站（计算机或交换机等站）。参见图 3.2。

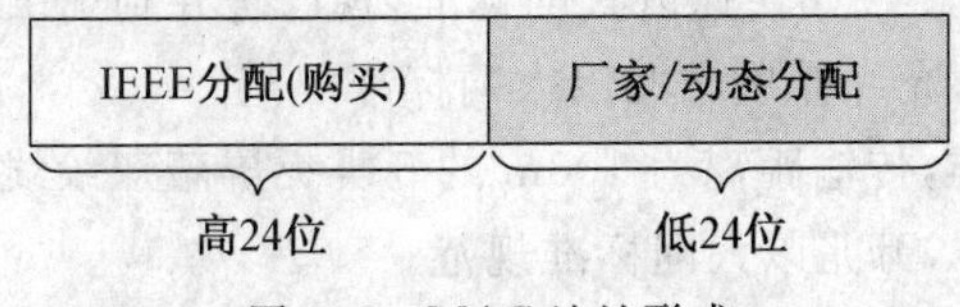

图 3.2　MAC 地址形式

不同厂商的 MAC 地址组成亦不相同，MAC 地址的寻址可以在本地网确定是哪台设备的哪个端口或网卡，例如数据到达目的网络（本地网）后，靠 MAC 地址来确定目的计算机。

常见的制造商的 MAC 地址如下。

Cisco：00-00-0c

Novell：00-00-1B/ 00-00-D8

3Com：00-20-AF/00-60-8C

IBM：08-00-5A

典型的 Ethernet 地址：00-60-8C-01-28-12

提示：可以在 DOS 环境下键入 GETMAC 命令获取本机的 MAC 地址。

逻辑链路控制子层（LLC）构成数据链路层的上半部，与网络层和 MAC 子层相邻，并在 MAC 子层的支持下向网络层提供服务。

3.2.2　IEEE 802 标准

1980 年 2 月，IEEE 成立了局域网标准委员会（简称 IEEE 802 委员会），专门从事局域网标准化工作，并制订了 IEEE 802 标准。图 3.3 所示为 IEEE 802 体系下的标准协议之间的关系。

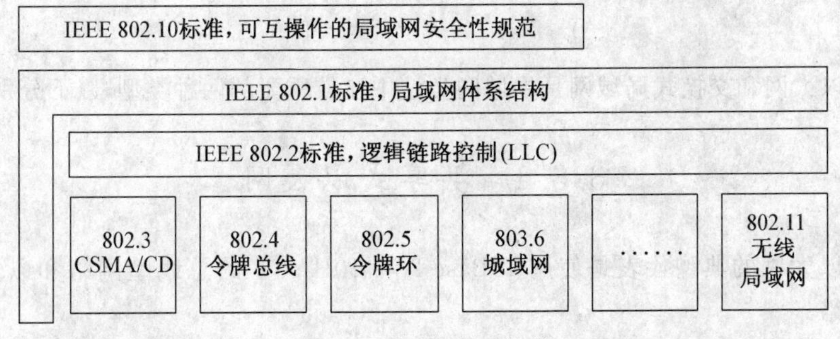

图 3.3　IEEE 体系结构

IEEE 802 标准主要包括：

(1) IEEE 802.1 标准，定义了局域网体系结构、网络互联以及网络管理与性能测试。

(2) IEEE 802.2 标准,定义了逻辑链路控制(LLC)子层功能与服务。

(3) IEEE 802.3 标准,定义了 CSMA/CD 总线介质访问控制子层和物理层规范。在物理层,还定义了四种不同介质的 10Mbps 以太网规范,包括 10Base-5(粗同轴电缆)、10Baes-2(细同轴电缆)、10Base-F(多模光纤)和 10Base-T(无屏蔽双绞线 UTP)。

- IEEE 802.3u 标准,100M 快速以太网标准,现已合并到 IEEE 802.3 中。
- IEEE 802.3z 标准,光纤介质千兆以太网标准规范。
- IEEE 802.3ab 标准,传输距离为 100m 的 5 类无屏蔽双绞线千兆以太网标准规范。
- IEEE 802.3ae 标准,万兆以太网标准规范。

(4) IEEE 802.4 标准,定义了令牌总线(Token Bus)介质访问控制子层与物理层规范。

(5) IEEE 802.5 标准,定义了令牌环(Token Ring)介质访问控制子层与物理层规范。

(6) IEEE 802.6 标准,定义了城域网(MAN)介质访问控制子层与物理层规范。

(7) IEEE 802.7 标准,宽带网络技术。

(8) IEEE 802.8 标准,光纤传输技术。

(9) IEEE 802.9 标准,综合语音与数据局域网(IVD LAN)技术。

(10) IEEE 802.10 标准,定义了可互操作的局域网安全性规范(SILS)。

(11) IEEE 802.11 标准,定义了无线局域网介质访问控制方法和物理层规范,主要包括:

- IEEE 802.11a,定义了工作在 5GHz 频段,传输速率为 54Mbps 的无线局域网标准。
- IEEE 802.11b,定义了工作在 2.4GHz 频段,传输速率为 11Mbps 的无线局域网标准。
- IEEE 802.11g,定义了工作在 2.4GHz 频段,传输速率为 54Mbps 的无线局域网标准。

(12) IEEE 802.12 标准,定义了 100VG-AnyLAN 快速局域网访问方法和物理层规范。

(13) IEEE 802.14 标准,交互式电视网(Cable Modem)技术。

(14) IEEE 802.15 标准,无线个人局域网(WPAN)技术。

(15) IEEE 802.16 标准,宽带无线局域网技术。

这些协议标准针对不同的传输介质和局域网络技术,已经很成熟。

3.3 交换式局域网

共享式以太网和交换式局域网是局域网类型中比较重要的两种类型,以下分别予以介绍。

3.3.1 共享式以太网

共享式以太网的典型代表是使用 10Base-2 和 10Base-5 的总线型网络和以集线器为核心的星型网络。

在使用集线器的以太网中,集线器将以太网设备集中连接到一台中心设备上。从本质上讲,这种以集线器为核心的以太网同传统的总线型以太网没有根本区别。

共享式以太网的最大弱点就是所有的结点都被连接在同一冲突域中,不管一个数据帧的来源和目的地是哪个结点，数据都被广泛传播给所有的结点，即所有的结点都能接受到这个帧，那么随着结点的增加，大量的冲突就会导致网络性能的急剧下降。

集线器同时只能传输一个数据帧，这意味着集线器所有端口都要共享同一带宽。如果100M 交换机的一个端口只连接一个结点，那么这个结点就可以独占 100 Mbps 的带宽，这类端口通常被称做“专用 100Mbps 端口”；如果一个端口连接一个 100Mbps 的以太网，例如连接一个 100Mbps 的以太网集线器，它有 16 个端口连接 16 台计算机，那么这个端口将被以太网中的多个结点所共享，这类端口被称为“共享 100Mbps 端口”。如果连接的机器增多，那么每台机器获得的速度就会降低。可参见图 3.4 的共享部分。

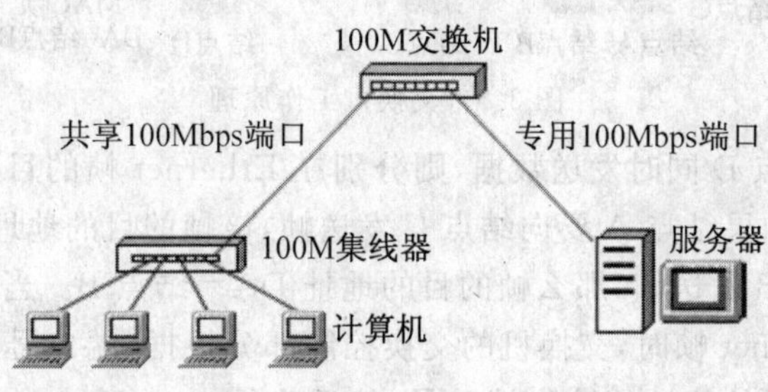

图 3.4 交换式以太网基本结构

3.3.2 交换式局域网的基本结构

共享式以太网出口的带宽限制了所连接下行计算机的传输速度，所连接的计算机越多，速度下降得越明显。交换式局域网解决了共享式的问题。

典型交换式局域网是交换式以太网(Switched Ethernet)，其核心部件是以太网交换机(Ethernet Switch)。它有多个端口，每个端口可以单独与一个结点或一个共享式的设备连接，也可以与另一个以太网交换机级联。

事实上，1000Mbps 和 10Gbps 以太网都是全双工网络，在 1000Mbps 和 10Gbps 层次不使用集线器而使用交换机，因此在 1000Mbps 和 10Gbps 层次的以太网都是交换式以太网。图 3.4 是交换式以太网的基本结构。

由于交换式局域网通过以太网交换机实现多结点之间数据的并发传输，因此可以大大增加网络带宽，改善局域网的性能与服务质量。以太网交换机的端口类型分为半双工端口与全双工端口。

(1) 对于 10Mbps 的端口，半双工端口带宽为 10Mbps；全双工端口带宽为 20Mbps。

(2) 对于 100Mbps 的端口，半双工端口带宽为 100Mbps，而全双工端口带宽为 200Mbps。

3.3.3 局域网交换机的工作原理

局域网交换机工作在 OSI 模型的第二层即数据链路层，负责接收和发送数据帧。

典型的局域网交换机结构与工作过程如图 3.5 所示。图中的交换机有 8 个端口，其中端口 1、2、4、7 分别连接了结点 A、结点 B、结点 C 和结点 D。根据以上端口号与结点 MAC

地址的对应关系，可以建立交换机的“端口号/MAC 地址映射表”。

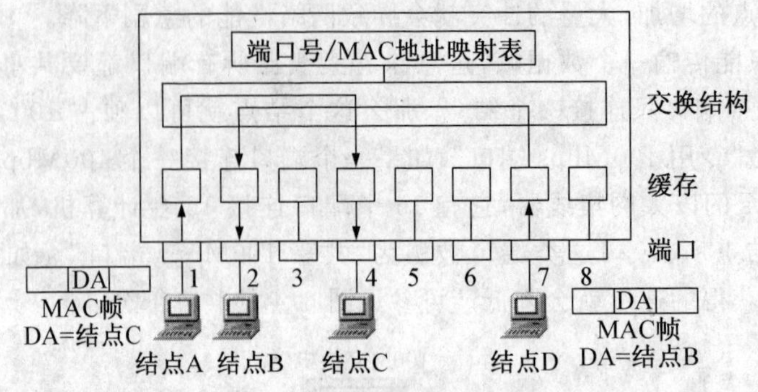

图 3.5　交换机工作原理

如果结点 A 和结点 D 同时发送数据，则分别在 Ethernet 帧的目的地址字段(DA)中填入该帧的目的地址。如果结点 A 要向结点 C 发送帧，该帧的目的地址 DA=结点 C。

结点 D 要向结点 B 发送帧，那么帧的目的地址 DA=结点 B。当结点 A 和结点 D 同时通过交换机传送 Ethernet 帧时，交换机的交换控制部分根据“端口号/MAC 地址映射表”的对应关系找出对应帧目的地址的输出端口号，然后为结点 A 到结点 C 建立端口 1 到端口 4 的连接，同时为结点 D 到结点 B 建立端口 7 到端口 2 的连接。

这种端口之间的连接可以根据需要同时建立多条，在多个端口之间建立多个并发连接是高效率的工作方式，避免了数据传输的冲突问题。

3.3.4　以太网交换机的交换方式

1. 以太网的帧结构

图 3.6 所示为以太网数据帧的结构，它是交换机中数据的载体。

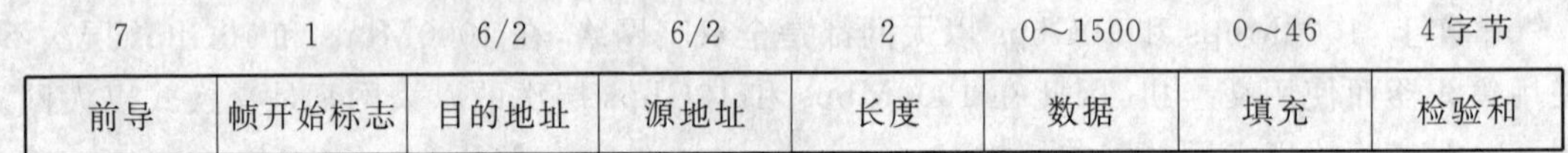

7	1	6/2	6/2	2	0～1500	0～46	4字节
前导	帧开始标志	目的地址	源地址	长度	数据	填充	检验和

图 3.6　以太网帧结构

2. 以太网交换机的交换方式

以太网交换机的交换方式可以分为以下三类。

(1) 直通方式

在直通交换(Cut Through)方式中，交换机一旦接收并检测到目的地址域，就立即将该帧转发出去，而不管这一帧数据是否出错。帧出错检测任务由结点主机完成。

(2) 存储转发交换方式

在存储转发(Store & Forward)方式中，交换机首先完整地接收帧并进行差错检测。如果接收的帧是正确的，则根据帧的目的地址确定的输出端口号转发出去，否则不予转发。

直通和存储转发自适应方式是根据单位时间内出错帧的概率决定采用两种方法中的哪一种。当单位时间内出错帧的概率小于某个门槛值时，采用直通交换方式；当单位时间内出错帧的概率大于该值时，采用存储转发交换方式。

(3) 改进的直通交换方式

改进的直通交换方式又被称为碎片隔离方式，它检查接收到帧的长度是否够 64 字节，如果小于 64 字节，说明是假包，则丢弃；如果大于 64 字节，则转发出去。

3.3.5 交换式局域网的特点

交换式局域网主要指交换式以太网，具有以下几个技术特点。

1. 低传输延时

原因是采用了局域网交换机，它是网络设备中传输延迟时间最短的一个。

2. 高传输带宽

交换机的每个端口独享网络带宽。对于 100Mbps 交换机的端口，半双工端口带宽为 100Mbps，而全双工端口带宽为 200Mbps。对于千兆位和万兆位以太网交换机，每个端口的带宽更高。

3. 允许 10Mbps/100Mbps/1000Mbps 共存

由于采用了 10 Mbps /100Mbps/1000Mbps 自动侦测(Autosense)技术，交换机的端口支持 10 Mbps /100 Mbps /1000Mbps 三种速率，以及全双工/半双工两种工作方式。端口能自动测试出所连接的网卡的速率是 10Mbps、100Mbps 还是 1000Mbps 或更高，是全双工还是半双工方式。端口能自动识别并作出相应的调整，从而大大减轻了网络管理的负担。

4. 支持虚拟局域网服务

交换式局域网是虚拟局域网的基础，目前以太网交换机基本上都可以支持虚拟局域网服务。通过虚拟局域网，可以方便地调整网络负载的分布，提高带宽的利用率、网络的可管理性和安全性。

3.4 虚拟局域网

如果在一个规模中等以上企业中，拥有多个二级部门，在各部门的独立网络之间进行互联时，出于对不同职能部门的管理、安全和整体网络的稳定运行的考虑，需要进行既独立又统一的管理，这时最佳选择是使用虚拟局域网(Virtual Local Area Network, VLAN)。VLAN 不仅有利于网络安全和防止网络广播风暴，而且可以提高网络运行的效率。

3.4.1 认识虚拟局域网

虚拟局域网可以不考虑用户的物理位置，而根据地址、功能、应用等决定，将计算机用户从逻辑上划分为一个个功能相对独立的工作组；每个计算机都被连接在一个支持 VLAN 的交换机端口上，并属于一个 VLAN。

同一个 VLAN 中的成员形成一个广播域，而不同 VLAN 之间的广播信息是相互隔离的。将整个网络分割成多个不同的广播域(VLAN)，可以实现在一个交换机上的计算机属于不同虚拟网络的目标。

VLAN 的优势是：避免了广播信息扩展；建立起安全网络；方便无线设备的加入和移出；减少网络管理的压力。

说明：

虚拟局域网的划分必须有三层交换技术的支持，这种技术体现在三层交换机上。

三层交换技术是二层交换技术加上三层转发技术。局域网中网段划分之后，网段中子网的管理原来一直依赖路由器，三层交换机出现后，解决了传统路由器低速、复杂所造成的网络瓶颈问题。

3.4.2 划分 VLAN 的方法

VLAN 的划分方式主要有两种。

(1) 静态划分 VLAN，也就是基于端口的 VLAN，这种 VLAN 方式需要对交换机中每个端口进行设定。

(2) 动态划分 VLAN，又分为基于 MAC 地址的 VLAN、基于网络层的 VLAN 和基于用户的 VLAN，这三种动态 VLAN 都具有灵活性强的特点。

1. 基于端口的 VLAN

这种划分 VLAN 的方法是根据以太网交换机的端口来划分的。例如，可以将交换机的1～4 端口设置为 VLAN 1；5～10 为 VLAN 2；11～24 为 VLAN 3。属于同一 VLAN 的端口可以是不连续的，由网络管理员决定。

第二代端口 VLAN 技术允许跨越多个交换机的多个不同端口划分 VLAN，不同交换机上的若干个端口可以组成同一个虚拟网。如果有多台交换机，可以指定不同交换机上的端口在同一个 VLAN。例如，交换机 A 的 1～10 端口和交换机 B 的 1～10 端口为同一 VLAN，也就是说，同一 VLAN 可以跨越数个以太网交换机。根据端口划分 VLAN 的方法是目前使用最广泛的定义 VLAN 的方法，IEEE 802.1Q 规定了依据以太网交换机的端口来划分 VLAN 的国际标准。

这种划分方法的优点是定义 VLAN 成员时非常简单，只要将所有的端口都定义一下就可以了。缺点是如果 VLAN 的一个用户离开了原来的端口，到一个新的交换机的某个端口，就需要重新定义 VLAN。

2. 基于 MAC 地址划分 VLAN

这种划分 VLAN 的方法是根据每个主机的 MAC 地址来划分的，对每个 MAC 地址的主机都配置了所属的组。

基于 MAC 地址划分 VLAN 的方法的最大优点就是当用户物理位置移动时，即从一个交换机换到其他的交换机时，VLAN 不用重新配置。所以，可以认为这种根据 MAC 地址的划分方法是基于用户的 VLAN。

这种方法的最大缺点是初始化时，所有用户都必须进行配置，这样如果用户数量巨大，配置就需要人工进行，因为在每一个交换机的端口都可能存在很多个 VLAN 组的成员。而且这个划分方法无法限制广播包。再者，对于使用笔记本电脑的用户来说，他们的无线网卡可能要经常更换，这样，VLAN 就必须不停地配置。

总的来说，这种方法不是很受欢迎。

3. 基于网络层划分 VLAN

这种划分方法是根据每个主机的网络 IP 地址或协议类型（如果支持多协议）划分的。它虽然查看每个数据包的 IP 地址，但由于不是路由，所以没有 RIP、OSPF 等路由协议，而是进行桥（相当交换机）交换。

这种方法的优点是用户的物理位置改变时，不需要重新配置所属的 VLAN，而且可以根据协议类型来划分 VLAN。这对网络管理者来说很重要。此外，这种方法不需要附加帧标签来识别 VLAN，这样可以减少网络的通信量。

这种方法的缺点是效率低，因为检查每一个数据包的网络层地址需要消耗处理时间（相对于前面两种方法），而且需要较高的技术，同时也更费时。也就是说，对交换机的要求更高。

4. 基于 IP 组播划分 VLAN

IP 组播是有选择地对用户广播信息的方式，常用于视频会议。这实际上是一种 VLAN 的定义，认为一个组播组是一个 VLAN。

这种划分的方法将 VLAN 扩大到了广域网，具有更大的灵活性，而且很容易通过路由器进行扩展。但这种方法并不适合局域网，主要是效率不高。

上述划分方法中，以第一种划分方法比较常见。

3.5 无线局域网

3.5.1 认识无线局域网

无线局域网（Wireless Local Area Networks，WLAN）是十分方便的局域网络，利用射频（Radio Frequency，RF）技术取代双绞线所组成的局域网络。

无线局域网使用无线交换设备和无线网卡实现通信功能，节约了大量的布线时间和空间，避免了大量的线缆安装，使得环境更整齐。

无线局域网使用 IEEE 802.11 系列规范无线局域网络的 MAC 层和物理层。

无线局域网的数据传输速率现在已经达到 11Mbps、22Mbps、54Mbps 和 108Mbps，但传输距离有限。

无线局域网作为对有线联网方式的一种补充和扩展，使网上的计算机具有可移动性，能快速方便地解决使用有线方式不易实现的网络连通问题。

3.5.2 无线局域网的设备

1. 无线局域网网卡

无线局域网网卡一般称为无线网卡(Wireless LAN Card),它与传统 Ethernet 网卡的差别在于前者的数据传送是通过无线电波,而后者则要通过一般的网线。

目前无线网卡的规格大致可分成 11Mbps、22Mbps、54Mbps 和 108Mbps 几种,可以适用于 PCMCIA、ISA 和 PCI 接口标准。图 3.7 所示为 D-LINK 的无线网卡。

D-LINK 11Mbps 无线网卡　　D-LINK 54Mbps 无线网卡

图 3.7　D-LINK 的无线网卡

2. 无线局域网接入点

一般无线局域网接入点(Access Point,AP)被称为网络桥接器,它被当作传统的有线局域网络与无线局域网络之间的桥梁,因此任何一台装有无线网卡的计算机均可通过 AP 去分享有线局域网络资源。

除此之外,AP 本身兼有网管之功能,可针对接有无线网络卡的计算机做必要的管理。

3. 无线路由器

无线路由器是无线接入点的升级产品,以 D-LINK 的无线路由器为例,其 DI-624+A 和 DI-724UP+A 为 2 款超高性能无线路由器,可以方便地构建中小企业多人同时上网的环境,并具有坚固的防火墙安全特性,可基于 MAC 地址、IP 地址、URL 和域名等多种数据过滤以实施访问的安全策略;同时支持 IPSec、PPTP、L2TP 等 VPN 服务,以便对敏感性数据进行安全加密的传输。

图 3.8 和图 3.9 为两种常见的无线路由器。

图 3.8　无线路由器

图 3.9　无线路由器

4. 无线天线

与一般电视、手机的天线不同，WLAN 所用的无线天线（也称为天线，Antenna）频率为 2.4GHz。

天线的功能是将源的信号，借由天线本身的特性传送至远处。至于能传多远，一般除了考虑源的输出强度之外，另一个重要因素是天线本身的 dB 值。dB 值越高，相对所能传达的距离也更远。通常，每增加 8dB，相对所能传达的距离可增至原距离的一倍。

3.6 局域网举例

根据目前对局域网技术的需求和使用情况，分别对交换式、虚拟局域网以及无线局域网进行举例。

3.6.1 交换式局域网/虚拟局域网举例

本节利用一个“400 结点企业网络设计方案”说明常用的局域网的构建。

1. 企业的需求

假设一个企业有销售部、售后服务部、设计部、财务部、IT 部等部门，员工 390 名，根据需要，希望配备给销售部 20 台计算机、售后服务部 20 台计算机、财务部 20 台计算机、设计部 320 台计算机；为提供网络管理和服务，需配备 20 台服务器。

2. 建立企业局域网

根据上述的实际情况，可将整个企业网络划分为 6 个 VLAN；如果设计部的计算机数量大，还可将这个部门的计算机进行 VLAN 二级划分。

(1) 在三层交换机上进行 VLAN 网络的划分(必须的)。本案例采用端口划分的方法，将三层主交换机的端口 2、3、4、5、6、7、8 分别划分属于独立的 VLAN。

(2) 在销售部、售后服务部和财务部这三个 VLAN 中选用二层交换机，直接接在主三层交换机的端口即可。使用二层交换机的原因是这些部门对网络带宽要求不大，并且计算机数量不多，每个 VLAN 只有 20 台机器，那么选择 24 口的交换机就可以实现部门的局域网。

(3) 由于设计部的计算机数量多，所以采用一个千兆交换机和若干个二层交换机实现部门的本地网。选择千兆交换机的原因是要考虑设计部计算机的数量和对网络带宽的需求。

(4) 关于服务器，由于要提供数据资源和管理服务，加之服务器对网络带宽本身要求非常高，所以也应该选择千兆交换机进行连接。

(5) 关于网线，本案例中全部采用 5 类双绞线(RJ-45)连接网线。如果可能，可在三层交换和千兆交换机之间、服务器与交换机之间采用多模光纤。

(6) 使用路由器，目的是为了隔离外部的危险。

图 3.10 是个 400 结点的 VLAN 划分结构图。

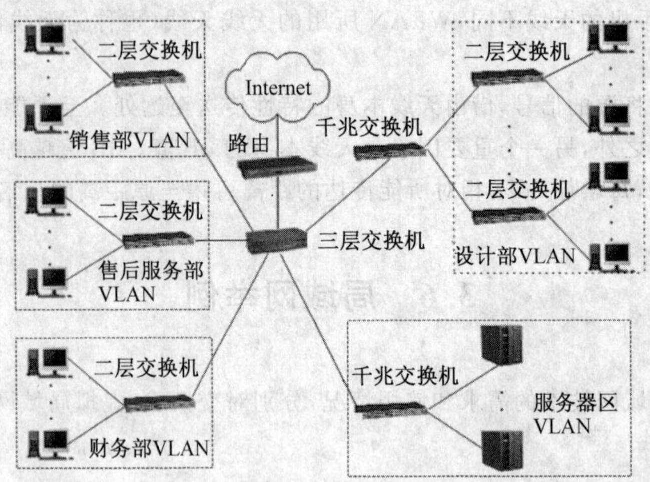

图 3.10 局域网结构图举例

3.6.2 无线局域网的解决方案

1. 家庭中的无线局域网

针对家庭用户设计的 ADSL 接入方案，考虑到家庭用户对终端设备的使用较少，家具环境不易于铺设太多线路，使用无线 ADSL 路由器作为接入设备，这样既可以直接连接台式机，又适应笔记本的灵活移动的特点，减少了布线的繁琐。参见图 3.11。

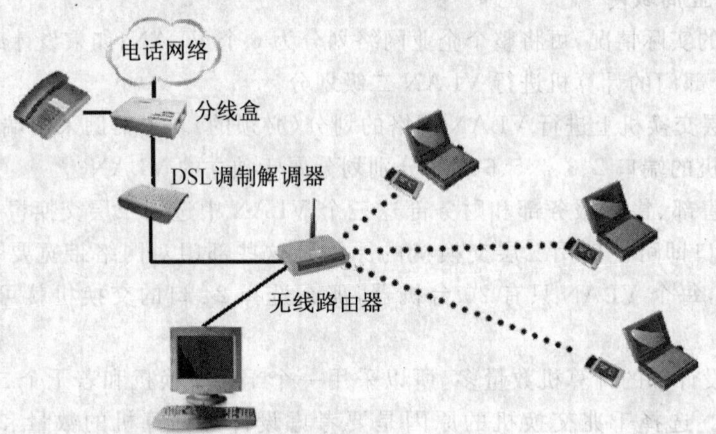

图 3.11 利用 ADSL 接入的无线网络

说明：

(1) 分线盒连接电话线，一路连接调制解调器，一路连接电话。

(2) 调制解调器负责模拟信号和数字信号的转换。

(3) 无线路由器可以无线连接移动设备，例如笔记本电脑等，也可以有线连接计算机，即路由器与计算机之间可以采用有线和无线两种方式连接。有线方式使用双绞线即可，计算机需要配制以太网卡;若采用无线方式,计算机需要配制无线网卡。

(4) 这种接入形式也适合小型的企业和办事处。

2. 办公室的无线局域网

办公室的无线局域网如图 3.12 所示。

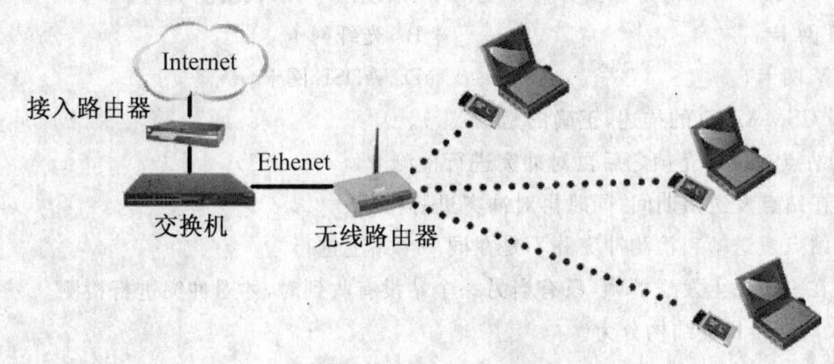

图 3.12　办公室的无线网络

说明:

(1) 接入路由器解决与互联网络的连接问题。

(2) 交换机可以是普通的二层交换机即可,通过双绞线连接交换机和无线路由器。

(3) 路由器与计算机之间可以采用有线和无线两种方式连接。有线方式使用双绞线即可,计算机需要配制以太网卡;若采用无线方式,计算机需要配制无线网卡。

【本章小结】

本章内容很多,主线是 LAN,从定义、类型、特点到 LAN 的网络协议,其中 MAC 层协议最为重要。我们分别介绍了 CSMA/CD 和 Token Ring、Token Bus 的介质访问控制方法,之后以 Ethernet 为例,介绍了 10M、100M、1000M 以太网络的特性,并介绍了组建局域网的主要部件和设备以及软件,LAN 中的常用网络设备网桥和交换机;基于交换机,又介绍了交换式以太网和 VLAN。在本章最后一个小节,通过三个案例说明了企业、办公室和家庭网络的建立方法。为了更好地学习无线网络,本章安排了无线局域网的实验。

【本章难点】

- 介质访问控制方法。
- 虚拟网技术。
- Ethernet 网络技术和应用。

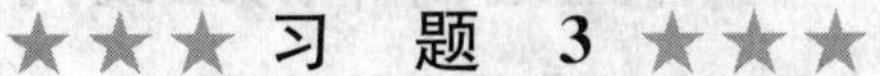

★★★ 习　题　3 ★★★

一、选择题

1. 为了将 MAC 子层与物理层隔离,在 100Base-T 标准中采用了(　　)。

A. 网卡 RJ-45 接口　　　　B. 介质独立接口 MII

C. RS-232 接口　　　　　　　　D. 光纤接口

2. 光纤的数据传输是靠光的(　　)实现的。

A. 折射传输　　　　　　　　B. 跳频传输

C. 漫反射传输　　　　　　　　D. 码分多路复用传输

3. 按传输介质类型,以太网卡主要分为粗缆网卡、细缆网卡、双绞线网卡与(　　)。

A. RJ-II 网卡　　　　　　　　B. 光纤网卡

C. CATV 网卡　　　　　　　　D. ADSL 网卡

4. 下列关于 CSMA/CD 的描述,正确的是(　　)。

A. 说明站点在发送完帧之后再对冲突进行检测

B. 说明在站点发送帧期间,同时再对冲突进行检测

C. 说明站点发送帧和检测冲突并不是在同一个站上进行

D. 说明在一个站上发送的帧,只有当另一个站没有收到时,才对冲突进行检测

5. 快速以太网交换机按结构分为(　　)。

A. 星型　　　　　　　　B. 共享型和交换型

C. 10M 和 100M 网　　　　　　　　D. 全双工和半双工

6. 下列哪种说法是错误的(　　)

A. 以太网交换机可以对通过的信息进行过滤

B. 以太网交换机中端口的速率可能不同

C. 在交互式以太网中可以划分 VLAN

D. 利用多个太网交换机组成的局域网不能出现环路

7. MAC 地址存在于计算机的(　　)。

A. 内存　　　　B. 网卡　　　　C. 硬盘　　　　D. 高速缓冲区

8. 下面关于以太网的描述哪一个是正确的(　　)

A. 数据是以广播方式发送的

B. 所有结点可以同时发送和接受数据

C. 两个结点相互通信时,第三个结点不检测总线上的信号

D. 网络中有一个控制中心,用于控制所有结点的发送和接收

二、简答题

1. 简答交换式和共享式交换机的根本区别。
2. 简答 IEEE 802 标准和 TCP/IP 协议的差异。
3. 划分 VLAN 的基本方法有哪些?
4. Token Ring 是如何避免数据传输冲突的?
5. 对于移动计算机,无线局域网具有哪些优势?

实验二　学习组建简单的无线网络方法

【实验目的】

(1) 学习在办公室或家庭中组建局域网的方法。

(2) 学习利用简单方法测试网络的连通性。

【实验内容】

(1) 连接硬件。

(2) 配制路由器。

(3) 测试网络的连通性。

【课时】 2

【实验要求】

(1) 掌握简单无线网连接方法。

(2) 掌握设备的连接和测试网络连通性的方法。

【实验条件】

(1) 至少两台计算机,一台无线路由器。

(2) 双绞线。

(3) 无线网卡。

【实验步骤】

1. 配置计算机

(1) 计算机的网卡配置

一台计算机使用有线网卡,另一台计算机使用无线网卡,参见图3.13。实验中使用D-LINK的无线网卡1,其主要参数如下。

① 网络标准:IEEE802.11b、802.11g。

② 数据传输率:54Mbps。

③ 有效工作距离:室内100米、室外400米(环境因素会对工作范围产生不利影响)。

④ 频率范围2.4GHz。

⑤ 天线:集成内置天线。

⑥ 总线接口:USB。

⑦ 安全性能:WEP 64/128位数据加密(用户选择)、Wi-FiTM保护访问。

⑧ 状态指示灯:活动、连接。

图3.13 D-Link DWL-G122 无线网卡

特别提示:一定要认真阅读网卡的使用说明,一切操作按照说明操作。

(2) 设置计算机的网络属性

打开控制面板,双击打开网络连接,选择网卡,单击"Internet 协议(TCP/IP)",单击"属性”，参见 3.14 图的配置，单击“确定”。

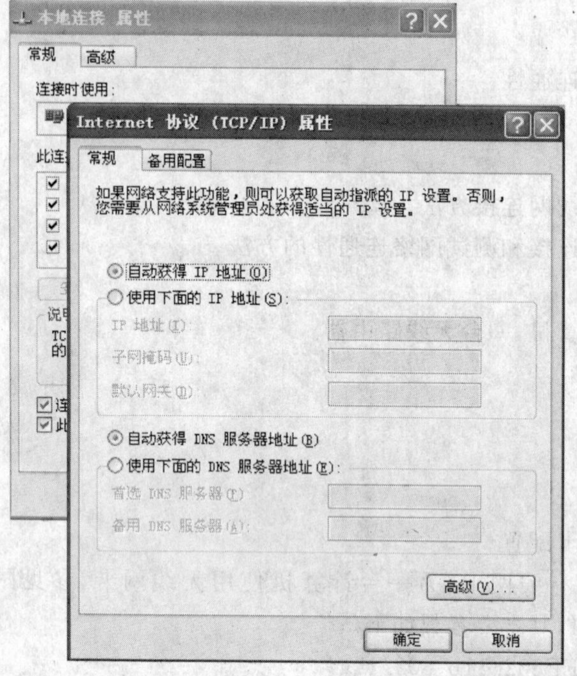

图 3.14 计算机无线网卡的网络属性

2. 配置无线路由器

(1) 选择路由器：因为连接的计算机数目比较少，所以选择有以下参数的路由器。如图 3.15 所示。

① 网络标准：IEEE 802.11g、IEEE 802.11b、IEEE 802.3、IEEE 802.3u。

② 数据传输率：108Mbps。

③ 有效工作距离：室内 100 米、室外 300 米。

④ 支持网络协议：带确认帧 ACK 的 CSMA/CA 协议。

⑤ 网络接口：1 个 WAN 接口、4 个 LAN 接口。

⑥ 安全性能：64/128 位 WEP、802.11X、WPA1-Wi-Fi 保护访问、WPA-PSK(域公用密钥)。

⑦ 状态指示灯：电源、WAN、LAN(10/100)、WLAN(无线连接)。

图 3.15 D-Link DI-624 无线路由器

提示：市场中的无线路由器品牌和类型很多，本教材以一种常用的为例。如果想了解更多品牌，可以去当地计算机配件城或网络平台浏览。

(2) 配置无线路由器：将双绞线一头插入到无线路由器的其中一个 LAN 交换端口上，另一端插入一台计算机的有线网卡 RJ-45 接口上。

(3) 开启计算机进入系统，在浏览器地址栏中输入厂家配置的无线路由器 IP 地址：192.168.0.1。首先打开的是如图 3.16 所示的身份验证对话框。

(4) 在其中的“用户名”和“密码”两文本框中都输入管理无线路由器的用户账户信息。单击“确定”按钮进入配置界面首页。

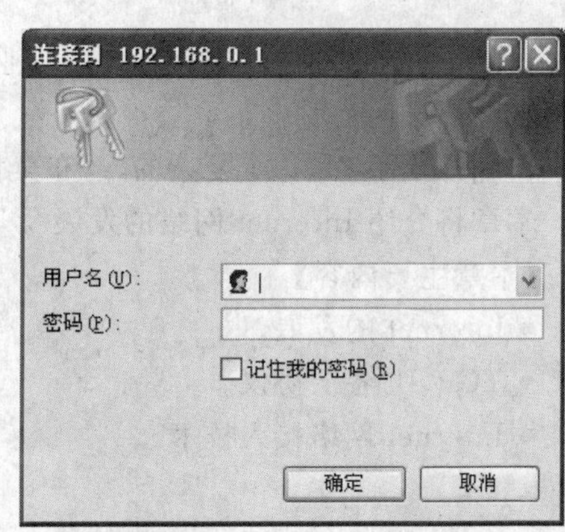

图 3.16　登录验证

(5) 使用“设置向导”来快速方便地设置路由器。

① 设定互联网联机：如果是 ADSL 等拨号上网，进入 PPPoE 的设置界面，填写 PPPoE 的账号和密码。如果使用小区宽带，那么会出现“设定动态 IP 地址”的界面。

② 设定无线联机。

无线网络 ID (SSID)：设置无线网络名称，使用默认或设置成 ABC 均可。

信道：默认的是信道 6，没特殊情况不需要改。

WEP 安全方式：设置无线网络进入密码，选 64Bit 是指需要输入 10 位密码，128Bit 需要 26 位。

WEP 密码：输入至少 10 位的密码。

(6) 重新激活。

3. 检测网络的连通性方法

(1) 测试本机网卡。

Ping 127.0.0.1<Enter>(其他计算机的 IP)

(2) 首先检查计算机与路由器的连通性。

进入 CMD 操作环境中，分别输入如下命令：

Ping 192.168.0.1<Enter>

具体的返回信息，可能有两种：

Timed Out

Reply from…………

前者表示没有相应返回，不能连通；后者表示有信息返回，已经连通。

【问题与思考】

如果计算机数量多于 4 台，如何让所有计算机均能通过路由器上网？

第4章　Internet网络协议与技术

Internet网络被广泛应用于各个行业和领域，提供大量资源，给人类的生活和学习带来了很多方便。

Internet网络是一个复杂的、遍布全世界、由多个网络互联起来的网络，也称为国际互联网。本章将介绍Internet网络的发展及TCP/IP网络体系等内容。

【本章主要内容】

- Internet的发展。
- TCP/IP各层协议。
- Internet网络接入技术。

4.1　无处不在的Internet

4.1.1　Internet的发展历史和现状

1969年，美国国防部高级研究计划管理局(Advanced Research Projects Agency，ARPA)开始建立一个名为ARPAnet的网络，把美国的几个军事和研究所使用的电脑主机连接起来。当初，ARPAnet只连接4台主机，从军事要求上是置于美国国防部高级机密的保护之下，从技术上它还不具备向外推广的条件。

1983年，ARPA和美国国防部通信局研制成功了用于异构网络的TCP/IP协议，美国加利福尼亚大学伯克莱分校把该协议作为其BSD Unix的一部分，使得该协议能够在社会上流行起来，从而诞生了真正的Internet。

1986年，美国国家科学基金会(National Science Foundation，NSF)利用ARPAnet发展的TCP/IP通讯协议，在5个科研教育服务超级电脑中心基础上，建立了NSFnet广域网。由于美国国家科学基金会的鼓励和资助，很多大学、政府资助的研究机构、私营的研究机构纷纷把自己的局域网并入NSFnet中。ARPAnet的军用部分脱离出来，建立起自己的网络——Milnet，改造后的ARPAnet则逐步被NSFnet替代。

1989年，CERN成功开发万维网(World Wide Web，WWW)，为Internet实现信息检索和服务奠定了基础，使得人们访问互联网的资源更方便，这大大推进了Internet的发展。

1990年，ARPAnet退出了历史舞台。在20世纪90年代以前，Internet的使用一直仅限于研究与学术领域。进入90年代初期，Internet事实上已成为一个大型网络，各个子网分别负责自己的建设和运作费用，这些子网通过 NSFnet 互联起来——NSFnet 已成为 Internet 的重要骨干网之一。使用 Internet 的人们逐步把 Internet 当作一种交流与通信的工具。

1991 年，分别经营 CERFnet、PSInet 及 Alternet 网络的三家公司，在一定程度上向客户提供 Internet 联网服务。他们组成了"商用 Internet 协会"(CIEA)，宣布用户可以把它们的 Internet 子网用于任何商业用途。Internet 商业化服务提供商的出现，使工商企业终于可以堂堂正正地进入 Internet，世界各地无数企业及个人纷纷涌入 Internet，带来了 Internet 发展史上的一个新的飞跃。

Internet 目前已经联系着超过 160 个国家和地区、几万个或更多的子网、千万台电脑主机，成为世界上信息资源最丰富的公共网络。

以发展最快的中国为例，来自 CNNC 2008 年 7 月的统计报告称："截至 2008 年 6 月底，中国网民数量达到 2.53 亿，网民规模跃居世界第一位。中国网民规模继续呈现持续快速发展的趋势。比去年同期增长了 9100 万人，同比增长 56.2%。在 2008 年上半年，中国网民数量净增量为 4300 万人。中国网民中接入宽带比例为 84.7%，宽带网民数已达到 2.14 亿人。"报告称："IPv4 地址数量为 1.58 亿个，2008 年 6 月份，中国 IPv4 地址拥有量已经超过日本，跃升至世界第二位。我国的域名注册总量为 1485 万个，同比增长 61.8%。中国 CN 域名数量为 1190 万个，同比增长 93.5%，已占我国域名数量的 80.1%，是我国域名数量增长的主要拉动因素。中国网站数量为 191.9 万个，年增长率为 46.3%。其中 CN 下的网站数为 137 万，占总网站数 71.4%。中国互联网国际出口带宽数达到 493729Mbps，年增长率为 58.1%。目前人均拥有水平为 20Mbps/万网民，比 2007 年 12 月增长了 2Mbps，中国互联网国际出口连接能力不断增强。"①

4.1.2 网络结构

Internet 是一个大型网络，但不是广域网，因为它是由若干属于不同组织的网络连接而成的网络，这些连接起来的网络，属于不同组织管理，网络结构、设备以及使用的协议都有可能不同。

以一个国家范围内的 Internet 为例，其中的网络之间的连接依靠路由器这个设备，网络结构是三层结构，最底层为校园网和企业网，中间层是地区网络，最上一层是全国骨干网。图 4.1 是 Internet 的网络结构举例。

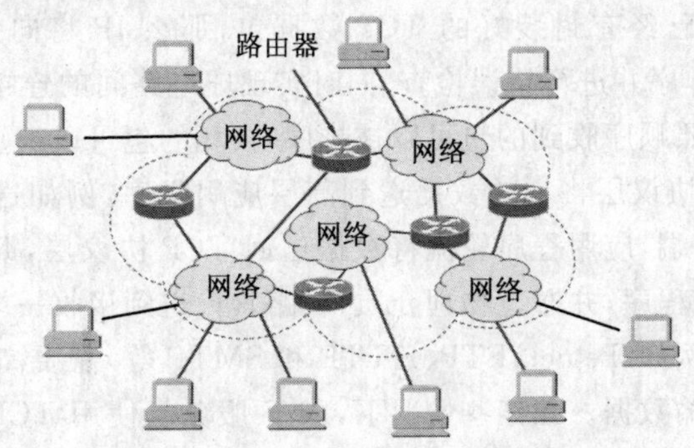

图 4.1 Internet 的网络结构

① 数据来自 CNNIC 网站《中国互联网络发展状况统计报告》。

4.2 Internet 协议体系结构

4.2.1 TCP/IP 体系结构

OSI的七层参考模型是传统的开放式系统互联参考模型，是一种七层抽象的参考模型，其中每一层执行某一特定任务。TCP/IP 协议并不完全符合该模型，采用了四层结构，但遵循同样的规则，即下一层为其上一层提供服务。

这部分内容请参见 1.5.3 小节。

4.2.2 Internet 中的协议

在 Internet 网络中，使用 TCP/IP 网络体系结构，不同层次的协议完成不同工作。

1. IP 协议

网络互联（网际）协议（Internet Protocol，IP）是 TCP/IP 的核心，也是 Internet 网络层中最重要的协议。

在数据传输接收一方，IP 协议接收由其下一层（网络接口层，例如以太网设备驱动程序）发来的数据包，并把该数据包发送到传输层中的 TCP 协议或 UDP 协议；在发送数据一方，IP 层协议把从 TCP 或 UDP 协议接收来的数据包传送到低一层。

IP 数据包的传输不采用面向连接方式，IP 协议不去确认数据包是否按顺序发送或者是否出现差错。IP 数据包中包含发送数据的主机地址（源地址）和接收数据的主机地址（目的地址）。

IP 协议是尽量做到最好的协议，但没有质量保证。

2. TCP 协议

如果 IP 数据包中已经有封装好的 TCP 数据包，那么 IP 将向上一层传送到传输层。TCP 协议对数据报文排序并进行错误检查，同时实现虚电路间的连接。TCP 数据包中包括序号和确认，所以未按照顺序收到的包可以被排序，损坏的包可以被重传。

在接收一端，TCP 协议层将它的数据送到高层应用程序，例如送给 Telnet 的服务程序和客户程序。在发送一端，应用程序轮流将数据送回 TCP 协议层，TCP 层将它们向下传送到 IP 层，以及设备驱动程序，并通过物理介质（线路），传送到接收一端。

面向连接的服务（例如 Telnet、FTP、HTTP 和 SMTP 等）需要高度的可靠性，所以这些服务使用 TCP 协议传输数据。在某些情况下，DNS 服务也使用 TCP 协议发送和接收域名数据库。

3. UDP 协议

UDP 协议与 TCP 协议都位于传输层，UDP 不提供面向连接服务，UDP 主要用于那些面向查询或应答的服务,例如 NFS,这些应用服务所交换的数据量较小。

4. ICMP 协议

ICMP 协议与 IP 协议位于同一层,它被用来传送 IP 协议层的控制信息。其主要任务是提供有关通向目的地址的路径信息,例如,ICMP 协议的"Redirect"信息通知主机通向其他系统的更好路径,"Unreachable"信息指出路径有问题,PING 是最常用的基于 ICMP 协议的服务。

5. 应用层协议

应用层协议请参考第 6 章内容。

4.3 Internet 网络接入技术

在 CNNIC 第 20 次互联网报告中指出,目前,在我国众多的宽带网民中,ADSL 接入方式和专线接入占有较大的比例。

几种主流接入方式的变化趋势和网民规模各不相同。目前,宽带(含专线)网民数量明显上升,每年都以千万人的数量级增长。其中专线网民平稳发展,年增长百万量级;拨号网民继续下降,但目前仍有超过 3000 万网民在使用拨号上网。

无线接入①,特别是其中以手机为终端的无线接入在中国的发展比较迅速,满足了一部分网民的特殊需求,网民已经拥有了一定的规模。目前使用无线接入的网民已超过 5000 万人,其中以手机为终端的无线接入已经达到 4000 多万人。

下面主要介绍目前常见的几种互联网接入技术。

4.3.1 ADSL 技术

数字用户线(Digital Subscriber Line,xDSL)是美国贝尔通信研究所于 1989 年为推动视频点播(VOD)业务开发出的用户线高速传输技术,后因 VOD 业务受挫而被搁置了很长时间。近年来随着 Internet 和 Intranet 的迅速发展,对固定连接的高速用户线需求日益高涨,基于双绞线的 xDSL 技术因其以低成本实现用户线高速化而重新崛起,打破了高速通信由光纤独揽的局面。

1. xDSL 技术的分类

xDSL 是以铜电话线为传输介质的传输技术组合,它按上行(用户到交换机)和下行(交换机到用户)的速率是否相同,分为速率对称型和速率非对称型两种。包括普通 DSL、HDSL(对称 DSL)、ADSL(不对称 DSL)、VDSL(甚高比特率 DSL)、SDSL(单线制 DSL)、CDSL(ConsumerDSL) 等,一般通称为 xDSL。

对于普通需要高带宽接入的用户而言,ADSL 下行速率很高,适用于下行数据量很大的

① 无线接入:包括以手机为终端的无线接入和以笔记本等其他设备为终端的无线接入方式。

Internet 业务。从电信网络提供商到用户的下行速率范围一般为 1.5Mbps～8Mbps，而反向的上行速率为 16kbps～640kbps，所对应的最大传输距离为 4.5km，这种方式是目前高速接入 Internet 的最有应用前途的手段之一。

2. ADSL 系统结构

ADSL 使用一对电话线，在线两端各安装一个 ADSL 调制解调器。这些调制解调器采用了频分复用(FDM)技术，将带宽分为三个频段部分：最低频段部分为 0kHz～4kHz，用于普通电话业务；中间频段部分为 20kHz～50kHz，用于速率为 16kHz～640Mbps 的上行数据传递；最高频段部分为 150kHz～550kHz 或 140kHz～1.1MHz，用于 1.5Mbps～6.0Mbps 的下行数据传送。

(1) 分离器的功能

ADSL 技术能同时提供电话和高速数据业务，应在电话线的两端接入分离器，分离承载音频信号为 4kHz 以下的低频带和 ADSL Modem 调制用的高频带。普通用户常把分离器称为分线盒。

(2) ADSL 的调制方式

ADSL 的调制技术是 ADSL 的关键所在，一般均使用高速数字信号处理技术和性能更佳的传输码型，用以获得传输中的高速率和远距离。在信号调制技术上，ADSL 调制解调器分别采用 CAP 和 DMT 技术。

① CAP。CAP 是 AT&T 提出的调制方式，数据信号在发送前被压缩，然后沿电话线发送，在接收端重组。在相同的传输速率下，占用更少的带宽，传输距离更远。

② DMT。采用多载波调制技术，可用频段划分为多个(典型为 256 个)子信道，每个子信道的带宽为 4kHz，对应不同频率的载波，并根据子信道发送数据的能力将数据分配给各子信道，不能载送数据的子信道则被关掉。DMT 已成为 ANSI 制订的 ADSL 的调制标准 T1.413。

3. ADSL 的安装步骤

ADSL 安装分为局端线路安装和用户端设备安装。局端安装是由 ISP 服务商将用户原有的电话线串接入 ADSL 局端设备上；用户端的 ADSL 安装将电话线连上分离器，分离器与 ADSL MODEM 之间用一条两芯电话线连接，ADSL Modem 与计算机的网卡之间用一条交叉双绞线连接，参见图 4.2。

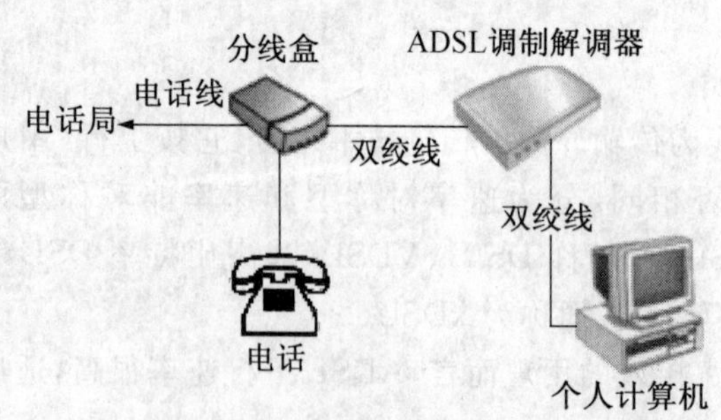

图 4.2　家庭 ADSL 连接

如果需要共享连接的用户较多，如企业、社区、家庭等，采用 ADSL Modem 加宽带路由器的组网形式，由宽带路由器来进行拨号功能，并承担路由的工作，网络结构如图 4.3 和图 4.4 所示。这个模式只需再增加一个交换机和路由器，用双绞线将 ADSL Modem 连起来即可。

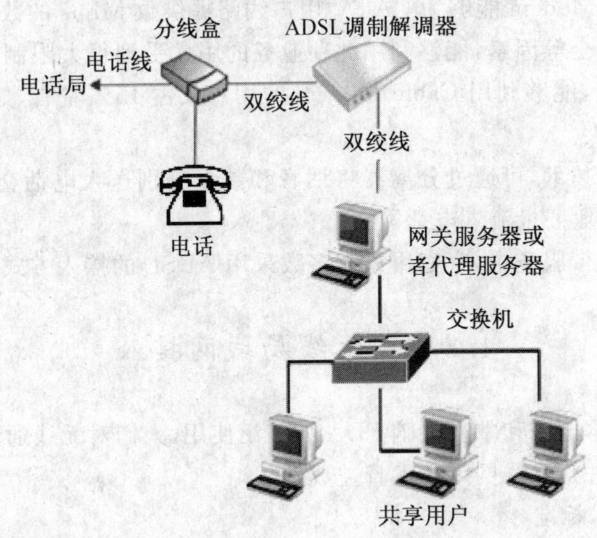

图 4.3 LAN ADSL 连接示意图-1

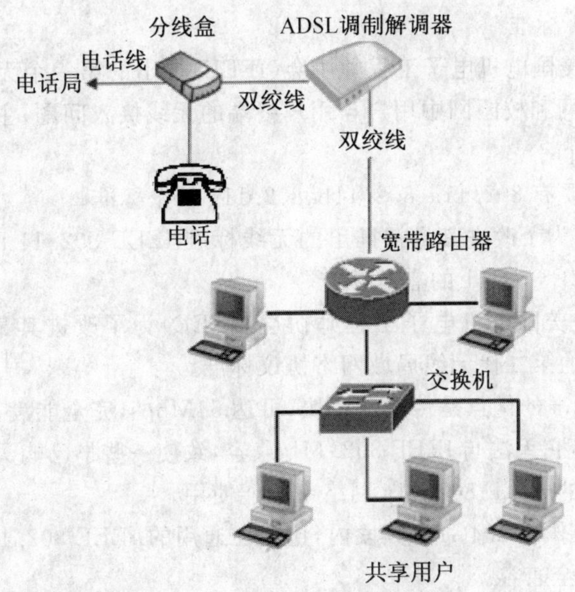

图 4.4 LAN ADSL 连接示意图-2

4. ADSL 的优势

(1) 电信企业的主干网已采用 2.5Gbps～10Gbps 的超高速光纤，但连接用户和交换机的用户线绝大多数仍是电话用的双绞线，使用 ADSL 技术，可在双绞线上传送高达数 Mb 的数字信号；在客户端配置分离音频频带和高频带的分离器(俗称分线盒)，就可以同时提供电话和高速数据传输。

(2) 基于光纤同轴电缆混合网(HFC)的 Cable Modem 作为接入线路高速化的计划受阻。虽然采用 Cable Modem 能够为 CATV 用户线路提供数 Mbps 的数据传输能力，但因多个用户共享带宽和安全等因素，能够利用此项业务的用户受到很大限制。实验和调查表明：在现有的基础设施上，能够利用 Cable Modem 的用户仅占 15%左右，如果对现有的设施进行双向改造，投资巨大。

(3) 采用 ADSL 技术，可通过分离器将话音和数据分别送入电话交换机和 Internet，从而抑制了 Internet 的业务量流入电话网。

目前在中国的宽带服务中，家庭用户大多数采用 ADSL 的接入方式。

4.3.2 无线局域网接入

随着手机、笔记本电脑和掌上电脑 PDA 的广泛使用，人们对无线通讯的需求越来越大，用户群在不断增加，并且无线网络技术日益成熟。

1. 无线网络技术标准

无线网络技术标准通常包括蓝牙技术、IEEE 802.11 标准和家庭网络的 HomeRF 标准。

(1) IEEE 802.11 标准

IEEE 802.11 是美国电机电子工程师协会(IEEE)推出的第一个无线局域网标准，主要用于解决办公室局域网和校园网中用户与用户终端的无线接入问题；主要限于数据存取，速率最高只能达到 2Mbps。

IEEE 802.11 主要有 802.11a、802.11b、802.11g 三个标准。

IEEE 802.11a 是为了改进其最初推出的无线标准 IEEE 802.11 而推出的无线局域网络协议标准，是对 IEEE 802.11 的有益补充。

IEEE 802.11b 是美国电机电子工程师协会(IEEE)为了改进其最初推出的无线标准 IEEE 802.11 而推出的第二代无线局域网络协议标准。

IEEE 802.11a 标准的优点是传输速度快，可达 54Mbps，完全能满足语音、数据、图像等业务的需要，遗憾的是它无法与 IEEE 802.11b 兼容，致使一些早已购买 IEEE 802.11b 标准的无线网络设备在新的 IEEE 802.11a 网络中不能使用。

IEEE 802.11g 工作在 2.4GHz 频段内，比现在通用的 IEEE 802.11b 速度要快 5 倍，并且与 IEEE 802.11 完全兼容。

(2) 蓝牙技术标准

蓝牙技术标准(IEEE 802.15)是一项新的标准，可以说是 IEEE 802.11 的一个补充。蓝牙能够支持的距离更远、速度更高，传输距离从 0.1～10m，通过增加发射功率可达到 100m，最高速度为 1Mbps；并且蓝牙成本低、体积小，可用于更多的设备。蓝牙技术的移动性更强，如果说 IEEE 802.11 限制在办公室和校园内，而蓝牙却能把一个设备连接到局域网和广域网，甚至能支持全球漫游。

(3) 家庭网络的 HomeRF 标准

在美国家用射频委员会领导下，HomeRF 工作组于 1997 年成立，其主要工作任务是为家庭用户建立具有互操作性的话音和数据通信网。工作组推出 HomeRF 的标准集成了语音和数据传送技术，工作频段为 10GHz，数据传输速率达到 100Mbps；在 WLAN 的安全性方面主要考虑访问控制和加密技术。

HomeRF 也采用了扩频技术，工作在 2.4GHz 频带，能同步支持 4 条高质量语音信道。目前，HomeRF 的传输速率只有 1Mbps～2Mbps。

HomeRF 是对现有无线通信标准的综合和改进，当进行数据通信时，采用 IEEE 802.11 规范中的 TCP/IP 传输协议；当进行语音通信时，则采用数字增强型无线通信标准。该标准与 IEEE 802.11b 不兼容，所以在应用范围上会有很大的局限性，更多的是在家庭网络中使用。

2. 无线网络接入方法

无线网络接入目前主要应用在局域网络中，设备和接入方法请参见第 3 章 3.5 小节。

4.3.3 虚拟专用网络

虚拟专用网络(Virtual Private Network，VPN)技术被广泛应用于网络互联和数据传输，它可以提供安全专用的网络通道。由于 VPN 使用了加密技术，使得所使用的广域网共享设施变成了较为安全的环境。

虚拟专用网可以帮助远程用户、公司分支机构、商业伙伴及供应商同公司的内部网建立可信的安全连接，并保证数据的安全传输。目前，VPN 正在被广泛应用于组织与其分支机构局域网的互联。

1. VPN 工作原理

虚拟专用网是依靠网络服务提供商，在公用网络中建立专用数据通信网络的技术。

在虚拟专用网中，任意两个结点之间的连接，都没有传统专网所需的端到端的物理链路，而是利用公共网资源动态组成逻辑链路。

在互联网工程任务组(The Internet Engineering Task Force，IETF)草案中所理解的基于 IP 的 VPN 意义是“使用 IP 机制仿真出一个私有的广域网”，是通过私有的隧道技术在公共数据网络上仿真出一条点到点的专线技术。所谓虚拟，是指用户不再需要拥有实际的长途数据线路，而是使用 Internet 公众数据网络的长途数据线路。所谓专用网络，是指用户可以为自己制订一个最符合自己需求的安全通道。

2. 建立隧道的主要方式

在 VPN 中，点对点协议 PPP 的数据包流是由一个 LAN 上的路由器发出，通过共享 IP 网络上的隧道传送到另一个 LAN 的路由器。

与传统的 PPP 比较，这两者的关键不同点是隧道代替了实际的专用线路。隧道如同广域网中的一根串行通信电缆。

客户启动(Client-Initiated)和客户透明(Client-Transparent)是建立VPN隧道的主要方式。客户启动要求客户和隧道服务器(或网关)均要安装隧道软件。客户透明通常安装在公司中心站上。

通过客户软件去初始化隧道,隧道服务器负责中止隧道,Internet服务商可以不支持隧道,客户和隧道服务器只需建立隧道,并使用用户ID和口令或使用数字许可证鉴定权限。一旦隧道建立,就可以进行通信,如同ISP没有参与连接一样。

如果希望隧道对客户是透明的,ISP就必须具有允许使用隧道的接入服务器以及路由器。客户首先拨号进入服务器,服务器必须能识别这一连接要与某一特定的远程结点建立隧道,然后服务器与隧道服务器建立隧道。通常使用用户ID和口令进行权限鉴定,这样客户端就通过隧道与隧道服务器建立起直接对话。这种方式不要求客户端安装专门软件,但客户只能拨号进入正确配置的访问服务器。

为了更好地了解和使用VPN技术,本章安排了VPN的实验。图4.5、4.6分别为VPN的原理图示及隧道传输数据示意图。

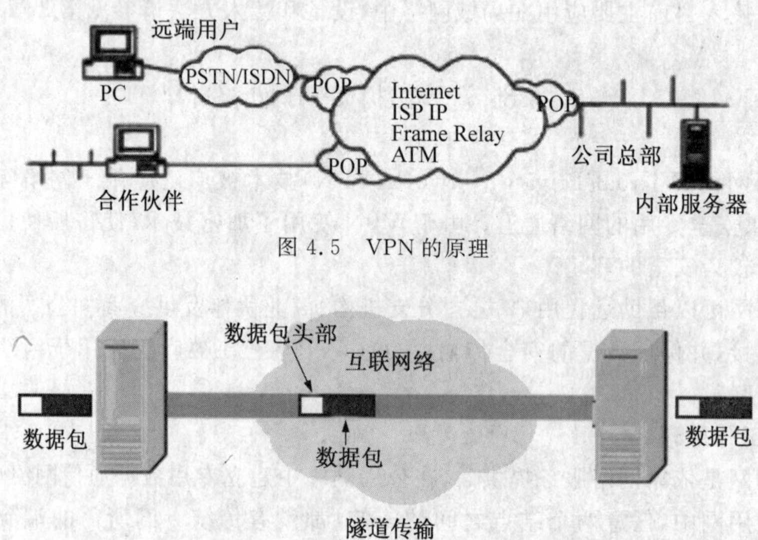

图4.5 VPN的原理

图4.6 隧道传输数据

3. VPN的应用

VPN技术被广泛应用于企业内部网的建设,尤其是在异地有多个分支机构的企业内部网,使用VPN的方式进行互联经济实惠,而且安全性能较高。目前,用于企业内部自建VPN的主要技术分别是“IPSec VPN”和“SSL VPN”。

(1) IPSec VPN

适合有一定规模,并且在IT建设、管理和维护方面拥有一定经验的员工、拥有较多的分支机构的企业。通过VPN隧道进行站点之间的连接,企业可以交换大容量的数据。

企业对数据比较敏感,要求安全级别较高。企业员工不能随意通过任何一台电脑就访问企业内部信息，移动办公员工的笔记本或电脑要配置防火墙和杀毒软件。

(2) SSL VPN

适合于对灵活性要求较高的企业，员工可以在不同地点访问公司内部资源，并可以使用各种移动终端或设备，例如笔记本电脑、PDA 等。

企业的 IT 维护水平较低，员工对 IT 技术了解甚少，并且 IT 方面的投资不多。

SSL VPN 使用方便，不需要配置，可以立即安装和使用；不需客户端，直接使用内嵌的 SSL 协议，而且几乎所有的浏览器都支持 SSL 协议；兼容性好，支持电脑、PDA、智能手机、3G 手机等一系列终端设备及大量移动用户接入的应用。

SSL VPN 只适合 Site-to-LAN(点对网)的连接，不支持 LAN to LAN VPN 连接。

4. VPN 的发展趋势

VPN 是利用公共网络构建专用网络的技术，是通过特殊设计的硬件和软件直接共享的 IP 网所建立的隧道来完成的。有研究机构表明，如果企业采用 VPN 替代租用 DDN 专线，其整个网络的成本可节约 21%～45%，若替代拨号联网方式，可节约通信成本 50%～80%，VPN 的优势显而易见，并逐渐受到更多企业的青睐。

【本章小结】

本章主要介绍了 TCP/IP 体系结构和几个主要协议；接入 Internet 是使用互联网络的第一步，在本章介绍了几种个人和组织接入互联网络的方法，在本章主要考虑局域网的接入方法。

【本章难点】

(1) VPN 技术。

(2) ADSL 技术标准。

★★★ 习 题 4 ★★★

一、选择题

1. Internet 使用的网络协议是(　　)。

A. TCP/IP　　B. NETBIOS　　C. OSI　　D. SDLC

2. ADSL 技术是一种上传和下载服务采用(　　)带宽的技术。

A. 固定　　B. 随机　　C. 相同　　D. 不同

3. 无线局域网络的优势包括(　　)。

A. 便于计算机移动　　B. 环境整洁

C. 便于布线　　D. 以上所有

4. VLAN 适用于企业内部网络、校园网络等(　　)。

A. 广域网　　B. 城域网

C. 接入网络　　D. 局域网络

5. TCP/IP 协议是一种开放的协议标准，下面哪个不是它的特点？

A. 独立于特定计算机硬件和操作系统　　B. 统一编址方案

C. 政府标准　　D. 标准化的高层协议

二、简答题

1. 比较 TCP/IP 协议和 OSI 体系结构。

2. 说明企业网络互联 VPN 技术的安全机制。

实验三　利用 VPN 连接组建局域网

【实验目的】

学习建立 VPN 连接，组建虚拟的局域网，以便在网络内部实现资源共享。

【实验内容】

(1) 配置 VPN 服务器。

(2) 配置拨入计算机。

(3) 测试网络的连通性。

【课时】 2

【实验要求】

掌握 VPN 建立的方法。

【实验条件】

至少两台计算机，一台装有 Windows Server 2005 操作系统的计算机。

【实验步骤】

一台装有 Windows Server 2005 操作系统的计算机作为服务器，通过这个服务器可以搭建一个 VPN 虚拟局域网，其他的计算机拨入这个 VPN 服务器，就可以处于一个虚拟局域网中，也就是说可以利用 VPN 拨号服务器建立虚拟局域网。

1. 配置 Windows Server 2005 VPN 服务器

服务器系统 Windows Server 2005 中 VPN 服务叫做"路由和远程访问"，系统已经默认安装了这个服务，但是没有启用。

(1) 启用"路由和远程访问"服务

在管理工具中打开"路由和远程访问"，在列出的本地服务器上右击，选择"配置并启用路由和远程访问"，单击"下一步"，参见图 4.7。

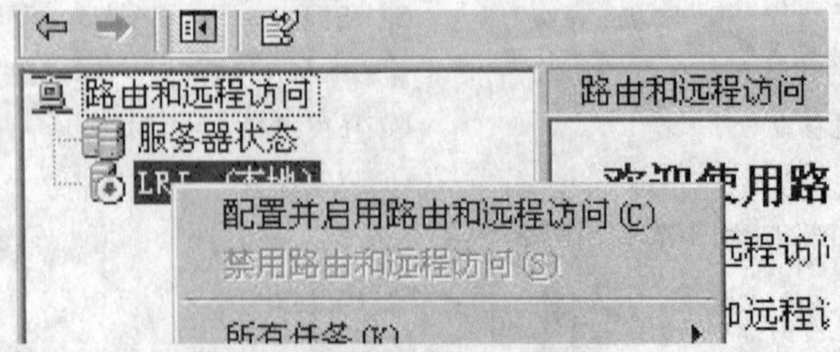

图 4.7　启用"路由和远程访问"服务

(2) 选择"自定义配置",单击"下一步",参见图 4.8。

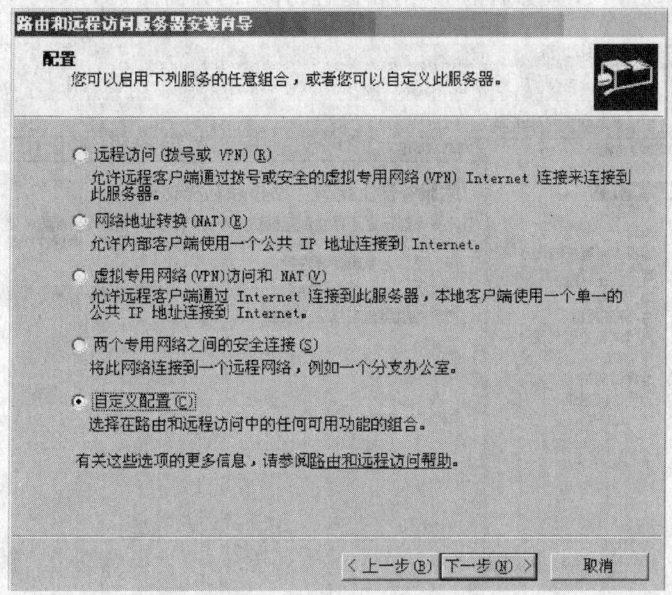

图 4.8 启用"路由和远程访问"服务

(3) 选择"VPN 访问",单击"下一步",参见图 4.9。

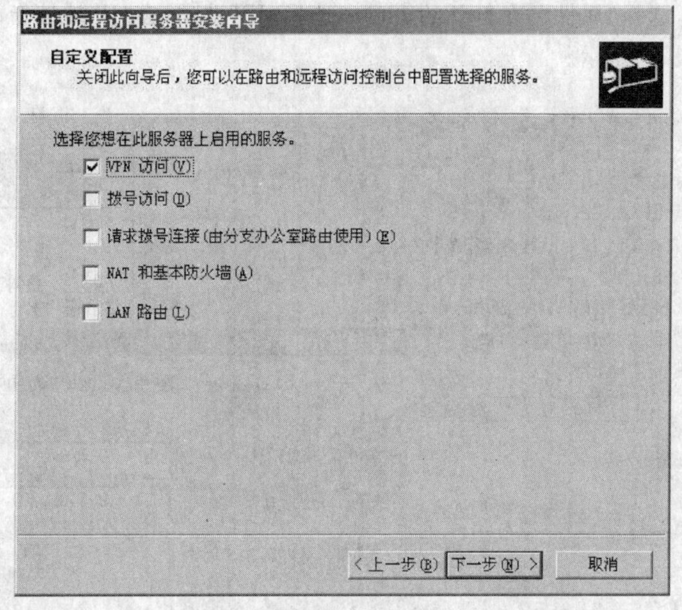

图 4.9 启用"路由和远程访问"服务

(4) 单击“下一步”,配置向导完成。单击“是”,开始服务。

图 4.10 为启动 VPN 服务后的“路由和远程访问”的界面。

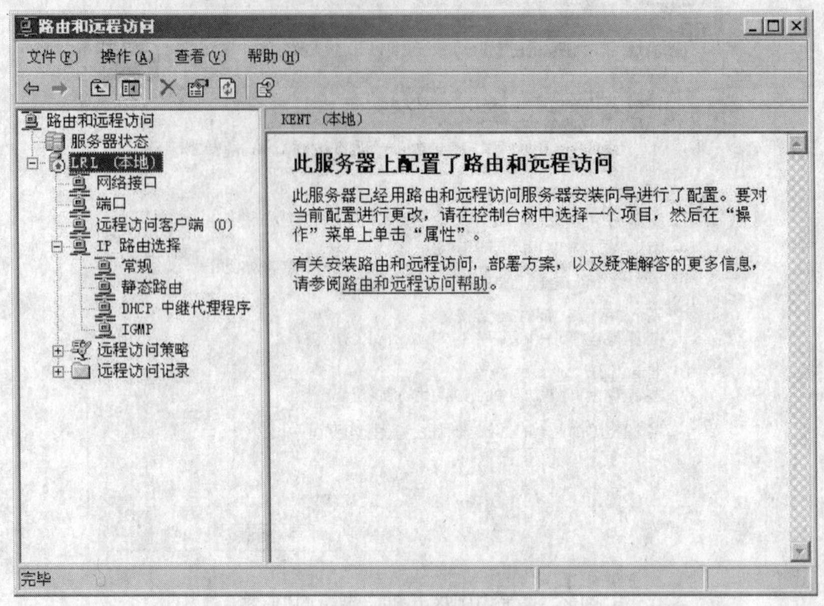

图 4.10 “路由和远程访问”控制台

(5) 配置 VPN 服务器。

右击服务器,选择“属性”,在打开的窗口中选择“IP”选项,在“IP 地址指派”中选择“静态地址池”。如图 4.11 所示。

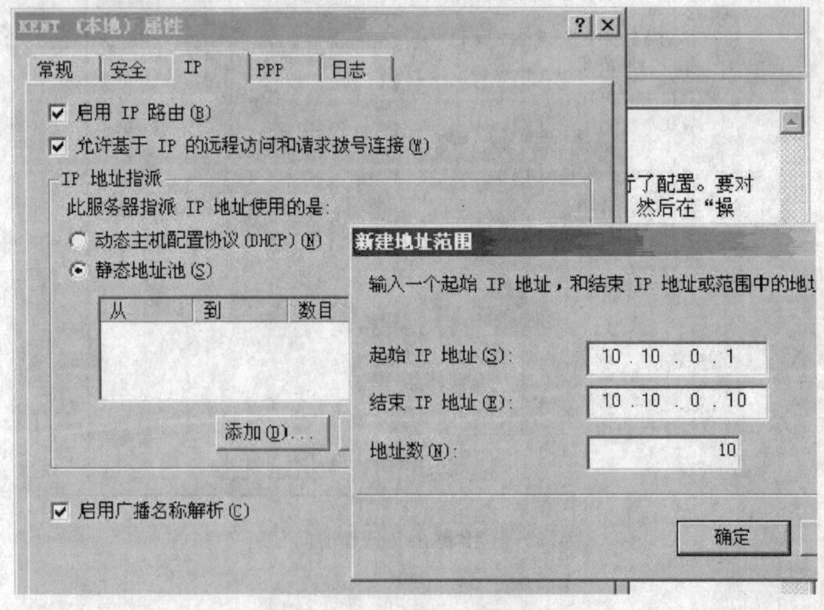

图 4.11 配置 IP 地址区间

单击“添加”设置 IP 地址范围，IP 范围是 VPN 局域网内部的虚拟 IP 地址范围，每个拨入到 VPN 的服务器都会分配到一个范围内的 IP，在虚拟局域网中利用这个 IP 相互访问，参见图 4.11。

设置 10.10.0.1～10.10.0.10，一共 10 个 IP，默认的 VPN 服务器占用第一个 IP，所以，10.10.0.1 实际上是这个 VPN 服务器在虚拟局域网的 IP 地址。VPN 服务器配置完毕。

2. 添加 VPN 用户

每台拨入 VPN 服务器的计算机都需要有一个账号，默认的是 Windows 身份验证，所以要给每个需要拨入到 VPN 的客户端设置一个用户，并为这个用户制定一个固定的内部虚拟 IP 以便客户端之间相互访问。

在管理工具中的计算机管理添加用户，以添加一个 TEST 用户为例。

(1) 新建一个“TEST”的用户，创建后，查看用户的属性，在“拨入”选项中做相应的设置，如图 4.12。

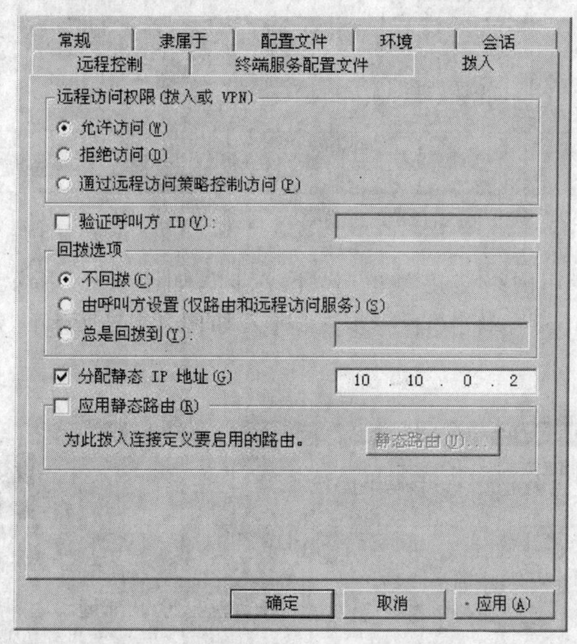

图 4.12 配置客户端计算机的账号

① 将远程访问权限设置为“允许访问”，以允许这个用户通过 VPN 拨入服务器。

② 选择“分配静态 IP 地址”，并设置一个 VPN 服务器中静态 IP 池范围内的一个 IP 地址，例如设置为 10.10.0.2。

如果有多个客户端机器要接入 VPN，需要给每个客户端都新建一个用户，并设定一个虚拟 IP 地址，每个客户使用分配给自己的用户拨入 VPN，这样各个客户端每次拨入 VPN 后都会得到相同的 IP；如果不选择设置“分配静态 IP 地址”，客户端每次拨入到 VPN，VPN 服务器并会随机给拨入的计算机分配一个其范围内的 IP。

3. 配置客户端计算机

客户端计算机可以采用 Windows Server 操作系统，也可以采用 Windows XP/VISTA 操作系统，设置方面没有太大差异，这里以 Server 操作系统的客户端设置为例。

(1) 打开“程序”→“附件”→“通讯”→“新建连接向导”，启动连接向导。

(2) 选择“连接到我的工作场所的网络”，以便建立连接，单击下一步，如图 4.13 所示。

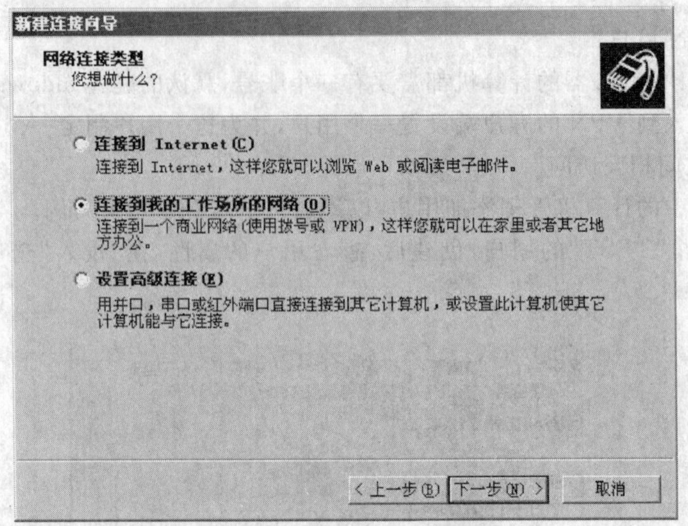

图 4.13 配置客户端计算机

(3) 选择“虚拟专用网络连接”，单击“下一步”，如图 4.14 所示；在“连接名”窗口，填入连接名称“my office”，单击“下一步”。进入如图 4.15 所示的界面，并设置相应的 IP 地址。

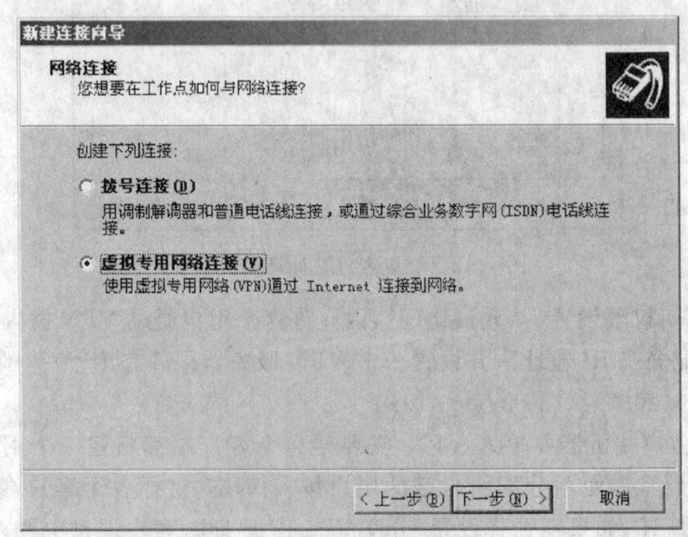

图 4.14 配置客户端计算机

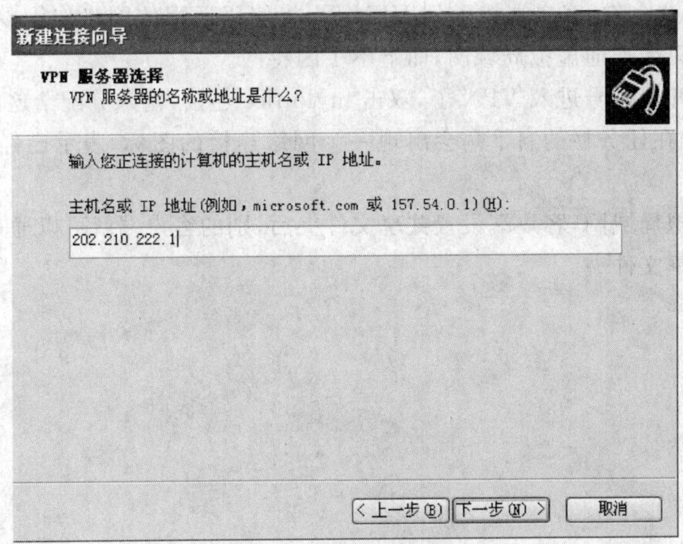

图 4.15　配置客户端计算机

提示：这个 IP 地址就是 VPN 服务器获取的公网 IP 地址。

(4) 单击“下一步”,完成新建连接。

完成连接后,在控制面板的网络连接中的虚拟专用网络下就可以看到新建的 my office 连接。

(5) 右击 my office 连接,选择“属性”,在弹出的窗口中单击“网络”选项,选择“Internet 协议(TCP/IP)”,单击“属性”按钮,再点击“高级”按钮,弹出如图 4.16 所示的“高级 TCP/IP 设置”界面,把“在远程网络上使用默认网关”前面的勾去掉。

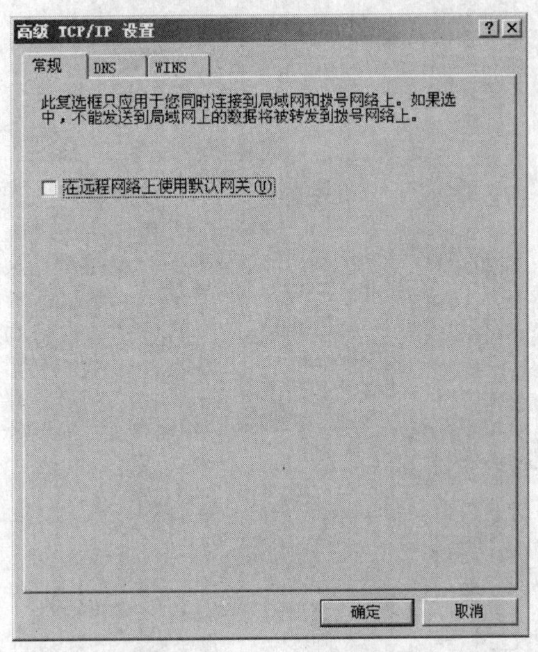

图 4.16　TCP/IP 的高级设置

如果不去掉这个勾，客户端拨入到 VPN 后，将使用远程的网络作为默认网关，导致的后果就是客户端只能连通虚拟局域网，而上不了因特网。

下面就可以开始拨号进入 VPN 了，双击 my office 连接，输入分配给这个客户端的用户名和密码，拨通后在任务栏的右下角会出现一个网络连接的图标，表示已经拨入到 VPN 服务器。

一旦进入虚拟局域网，客户端设置共享文件夹后，别的客户端就可以通过其他客户端 IP 地址访问它的共享文件夹。

第5章　网络互联技术

在 Internet 这个大规模网络中，将千万个网络互联起来，其中网络互联协议起着关键作用。在 TCP/IP 体系中，网络层协议的主要任务是实现网络的互联，网络互联是通过网络设备把不同的网络连接起来，并通过网络协议实现数据包的转发。为了实现网络互联，必须考虑不同网络的拓扑结构、选择路径、数据传输等问题。本章以路由设备为核心，介绍路由的协议和最佳路径的算法等内容。

【本章主要内容】

- 路由器的作用和应用。
- 路由协议 OSPF。
- 网络互联举例。

5.1　网络互联的基础

本小节的主要内容是讨论网络互联的目的、网络之间的差异以及必须解决的问题。

5.1.1　网络之间的差别

以国际互联网为例，网络之间存在以下差别：① 不同的寻址方案；② 不同的最大分组(数据的载体)长度；③ 不同的网络接入机制；④ 不同的超时控制；⑤ 不同的差错恢复方法；⑥ 不同的状态报告方法；⑦ 不同的路由选择技术；⑧ 不同的服务；⑨ 不同的管理与控制方式等。

5.1.2　需要解决的网络互联问题

跨越网络，实现服务和资源的共享，必须首先将网络间的差异屏蔽起来，使其不被接受服务的用户感知。

1. 网络之间互联必须实现的目标

(1) 提供的服务与每个网络没有直接关系。

(2) 网络的数量、类型和拓扑结构对于数据传输来说是透明的。

(3) 无论跨越多少网络，对所传输的数据源和目的网络应该采用统一的地址格式。

2. 网络互联需要解决的问题

主要是“发送节点的分组如何被高效、快速传输到接收节点”，具体如下：

(1) 网络寻址，寻找数据分组发送的源和目的地计算机地址；

(2) 路由搜索和选择，网络环境复杂，需要在数据发送前或发送过程中确定合适的路径；

(3) 路由信息交换，网络的结构和状态是靠路由信息帮助了解的，交换路由信息是必要的；

(4) 转发数据包，从一个网络把数据分组/包转发到另一个网络，直至到达目的网络；

(5) 给高层提供服务质量，为数据传输和应用服务提供良好的网络连接服务。

5.2 网络互联设备——路由器

在不同网络互联时，主要考虑以下问题：一是数据传输的路径，要把网络的负载(数据传输的压力)均衡起来，避免出现局部流量过大，导致网络拥塞；二是要考虑安全问题，哪些数据包允许通过，过滤掉哪些包。目前这两个问题的最佳解决方案就是依靠路由器这个网络设备。

5.2.1 认识路由器

路由器(Router)是用于连接多个在逻辑上分开的网络设备，逻辑网络往往代表一个单独的网络或者一个子网。当数据从一个子网传输到另一个子网时，可通过路由器来完成。因此，路由器具有判断网络地址和选择路径的功能，它能在多网络互联环境中，建立灵活的连接。它不关心各子网使用的硬件设备，但要求运行与网络互联层协议相一致的软件。

路由器的主要工作是：为经过路由器的每个数据包(网络互连协议中的数据载体)寻找一条最佳传输路径，并将该数据包有效地传送到目的站点。

由此可见，选择最佳路径的策略，即路由算法是路由器的关键所在。

为了完成这项工作，在路由器中保存着路由表(Routing Table)，其中包括与各种传输路径相关的数据，供路由选择时使用。路由表中还保存着网络标志信息、网上路由器的数量和下一个路由器的名字等内容。

路由表可以是系统管理员静态设置好的，也可以由系统动态修改；可以是路由器自动调整的，也可以由计算机主机控制。

路由器的软件在路由选择和网络安全方面起到很重要的作用，所以一个好的路由器不但硬件配置要好，而且软件配置也要好。

5.2.2 典型路由器的结构

1. “转发”和“路由选择”

路由器的功能包括转发和路由选择两部分。

在数据传输过程中，数据包到达路由器之后，即由路由器根据转发表将用户的数据包从合适的端口"转发"(Forwarding)出去。

"路由选择"(Routing)是按照分布式算法,根据从其他路由器得到的网络拓扑的变化情况,动态地改变所选择的路由。

那么,路由选择和转发是什么关系呢?参见图5.1所示的典型路由器结构,可知路由器的功能包括路由选择和转发两部分。路由表是根据路由选择算法得出的,转发表是从路由表得出的。也就是说,路由确定了向哪儿转发数据包。

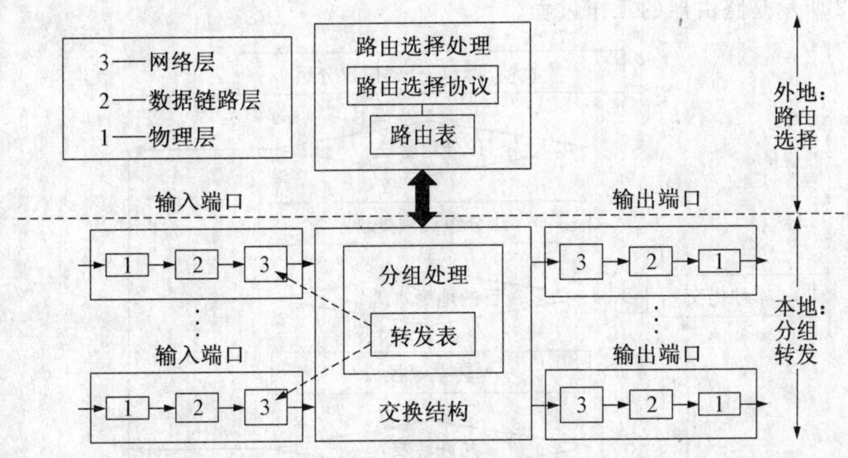

图5.1 典型的路由器结构

2. 输入端口对线路上收到包的处理

在数据链路层协议中,数据包剥去帧首部和尾部后,将分组送到网络层的队列中排队等待处理,并会产生一定的时延。

3. 缓存包(分组)

缓存包将交换结构传输过来的包先进行缓存,然后由数据链路层协议将包加上链路层的首部和尾部,交给物理层后发送到外部线路。

4. 处理速度

若路由器处理包的速率赶不上包进入队列的速率,队列的存储空间将逐渐减少到零,并导致后面进入队列的包由于没有存储空间而被丢弃。

路由器中输入或输出队列产生溢出是造成包丢失的重要原因。

5.2.3 IP路由器的工作过程

目前的国际互联网络是由成千上万个IP网通过路由器互联起来的大型网络。路由器不但负责对IP包的转发,还负责与其他路由器进行网络信息共享,共同确定路由选择并维护路由表。

以因特网的路由器为例,路由器的具体工作过程如下。

(1) IP网络中的一台主机发送IP包给同一IP子网的另一台主机时,只需直接把IP包送到网络上,对方即可收到。

(2) 转发到外网的包,路由器转发时,是根据 IP 包的目的 IP 地址选择合适端口,把 IP 分组送出去。为此,路由器要判定端口所连接的是否是目的网络。如果是,就直接把包通过端口送到本地网络;否则,要选择下一个路由器转发包。

(3) 路由表中具有默认网关,用来传送不知道下一个路由器的IP包。这样,知道下一跳的IP包通过路由器正确转发出去,不知道下一个路由器的IP包则被传送给"默认网关"路由器。这样逐级传送,IP包最终被送到目的地,送不到目的地的IP包将被网络丢弃。

图 5.2 所示是路由器的工作过程。

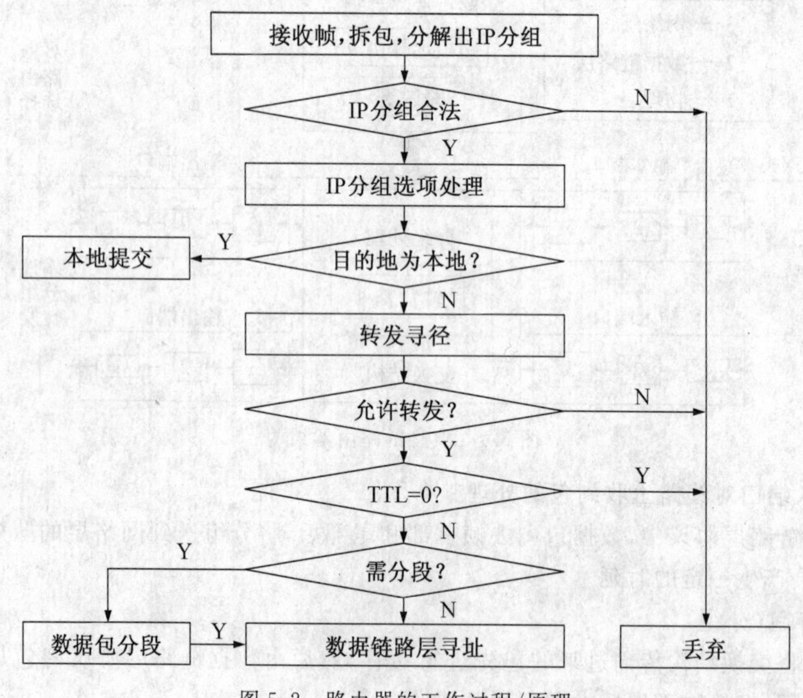

图 5.2 路由器的工作过程/原理

5.3 网络地址

对于 Internet 网络来说,IP 地址是一个十分重要的概念,它是 Internet 上每个计算机和路由设备的身份证,许多服务和特点都是通过 IP 地址提供的。

5.3.1 IP 地址的概念

连接在 Internet 网络上的两台计算机之间在相互通信时,在它们所传送的数据包里都会附加发送数据的计算机地址和接受数据的计算机地址。为了通信的方便,需要给每一台计算机都事先分配一个类似电话号码一样的标识地址——IP 地址。根据 TCP/IP 第 4 版(IPv4)协议规定,IP 地址由 32 位二进制数组成,而且在 Internet 范围内是唯一的。

例如，某台计算机的 IP 地址：11010010 01001000 10001100 00000011。

为了方便记忆，将 IP 地址 32 位二进制分成 4 个字节，每字节 8 位，中间用小数点隔开，再将每 8 位二进制转换成十进制数，这样上述计算机的 IP 地址就变成了：210.72.140.3，这个方法被称作点分法。

对于网络地址：

(1) 网络地址必须唯一。

(2) 网络标识不能以数字 127 开头。在 A 类地址中，127 被保留给内部回送函数。

(3) 网络标识的第一个字节不能为 255(全 1)。数字 255 是作为广播地址的。

(4) 网络标识的第一个字节不能为"0"。"0"表示该地址是本地主机，不能传送。

对于主机标识：

(1) 主机标识在同一网络内必须是唯一的。

(2) 主机标识的各位不能全为"1"，如果所有位都为"1"，则该地址是广播地址，而非主机的地址。

(3) 主机标识的各位不能全为"0"，如果都为"0"，则表示"只有这个网络"，而这个网络上没有任何主机。

5.3.2　IP 地址的分类[①]

一个电话号码为 64495073，这个号码中的前四位表示该电话是属于哪个分局的，后面的数字表示该局下面的某个电话号码。与电话类似，计算机的 IP 地址的 4 个字节也分成两部分，分别为网络标识和主机标识，网络标识表示地址属于哪个网络，主机标识表示是哪个网络中的哪个计算机或路由设备，运行两层协议的交换机没有 IP 地址。同一个物理网络上的所有主机都用同一个网络标识，网络上的每个工作站、服务器和路由器都具有一个主机标识与其对应。

例如，一个网络中的服务器的 IP 地址为 202.210.175.12，对于该 IP 地址，就可以写成：

网络标识：202.210.175.0

主机标识：12

IP 地址：202.210.175.12

按照网络规模的大小，把 32 位地址分成五种方式，分别对应于 A、B、C、D 和 E 类 IP 地址。图 5.3 所示为 IP 地址分类。

	0	1	2	3	4 … 8	16	24 … 31
A类	0	网络号				主机号	
B类	1	0	网络号			主机号	
C类	1	1	0	网络号			主机号
D类	1	1	1	0	组播(multicast)地址		
E类	1	1	1	1	保留给将来使用		

图 5.3　IP 地址分类

① 本教材使用 IPv4 协议地址。

1. A类IP地址

在IP地址的4个字节中，第一字节号码为网络标识，剩下的3个字节为本地计算机的标识。如果用二进制表示IP地址的话，A类IP地址就由1个字节的网络地址和3个字节的主机地址组成，网络地址的最高位必须是“0”。A类IP地址中网络的标识长度为7位，主机标识的长度为24位。A类网络地址数量较少，可以用于主机数达1600多万台的大型网络。

2. B类IP地址

在IP地址的4个字节中，前两字节为网络标识，B类IP地址由2个字节的网络地址和2个字节的主机地址组成，网络地址的最高位必须是“10”。B类IP地址中网络标识长度为14位，主机标识的长度为16位。B类网络地址适用于中等规模的网络，每个网络所能容纳的计算机数为6万多台。

3. C类IP地址

在IP地址的4个字节中，前3个字节为网络号码，另一个字节号码为本地计算机标识。如果用二进制表示IP地址的话，C类IP地址就由3个字节的网络地址和1个字节的主机地址组成，网络地址的最高位必须是“110”。C类IP地址中网络的标识长度为21位，主机标识的长度为8位。C类网络地址数量较多，适用于小规模的局域网络，每个网络最多只能包含254台计算机。

表5.1所示为常用IP地址范围。

表5.1 常用IP地址范围

地址类型	网络数	每个网络上可拥有主机数	地址范围
A	126	16 777 214	1.0.0.1～126.255.255.254
B	16 384	65 534	128.0.0.1～128.0.255.254，…，～191.255.255.254
C	2 097 152	254	192.0.0.1～192.0.0.254，…，～223.255.255.254

4. D和E类地址

除了A、B、C三种类型的IP地址外，还有两种特殊类型的IP地址。TCP/IP协议规定，凡是IP地址中的第1个字节以“1110”开始的地址都是多点广播或组播地址。因此，任何第1个字节大于223小于240的IP地址都是多点广播地址；凡是IP地址中的第1个字节以“1111”开始的地址都是保留地址。

5. 特殊的IP地址

IP地址中的每一个字节都为0的地址（“0.0.0.0”）对应于当前主机。

IP地址中的每一个字节都为1的IP地址（“255.255.255.255”）是当前子网的广播地址。

IP地址中127.0.0.0用于回路测试，例如测试本机的网卡情况，可使用127.0.0.1。

IP地址中10.0.0.0与192.0.0.0只能用于内部网络，不能在Internet中使用。

IP地址中第四字节为全0，表示其为网络地址。

IP地址中第四字节为全1，表示其为本地网络的广播地址。

5.3.3 地址掩码

1. 认识掩码

掩码是一个32位地址,作用是屏蔽IP地址主机标识部分,以区别网络标识和主机标识,并说明该IP地址是在本地局域网上,还是在其他网络上。

使用掩码时,目的地址与掩码做"与"运算,"与"的结果就是目的网络地址。例如,一个数据包到达路由器后,路由器要决定是把包转发给另一个路由器还是直接投放到连接的网络,就必须通过"与"的运算结果和路由表的条目比较来确定目标网络的出口。

2. 默认掩码

在标准的分类情况下,使用如表5.2所示的默认子网掩码。

表5.2 默认子网掩码

分　类	默认的子网掩码
A	255.0.0.0
B	255.255.0.0
C	255.255.255.0

5.3.4 IP子网编址

1. 认识子网编址

划分子网是将一个大的网络分成若干较小的网络,对于标准的A、B与C类IP地址,都可以进行子网划分。划分子网是在IP地址编址的二层结构中增加一个中间层次,使IP地址变成三级层次结构,即网络地址-子网地址-主机地址。

子网编址让一个网络地址演变成若干个网络地址,可以较好地解决网络地址不足的问题。

2. 确定子网掩码

利用子网掩码的位数可以决定可能的子网数目和每个子网的主机数目。在定义子网掩码前,必须弄清楚本来使用的子网数和主机数目。定义子网掩码的步骤如下:

(1) 确定地址。例如,申请到的IP为"200.100.10.Y",该网络地址为C类IP地址,网络标识为"200.100.10",主机标识为"Y",其默认的子网为255.255.255.0。

(2) 根据所需的子网数以及将来可能扩充到的子网数,用主机的高位定义子网编码。例如,现在需要10个子网,将来可能扩展到15个,用Y字节的前四位做子网编码,还有低4位继续作为主机地址标识。

(3) 将第4个字节的子网掩码高4位置"1",即"11110000",则子网掩码的点分二进制形式为"11111111.11111111.11111111.11110000"。

(4) 把这个数转化为点分十进制形式为:255.255.255.240,它就是该网络的子网掩码。

3. 子网编址举例

【例 5-1】 假设一个网络申请到 B 类地址 146.10.0.0，要将其划分为 6 个子网，如何划分子网和主机 IP 地址？子网地址范围为多少？

规划：划分 6 个子网，需要在第 3 字节取高 3 位来编码这 6 个子网；这样划分共有 8 个子网，其中两个作为扩展。二进制范围：

146.10.000 00000.0～146.10.000 11111.0→146.10.0.0～146.10.31.0

146.10.001 00000.0～146.10.001 11111.0→146.10.32.0～146.10.63.0

146.10.010 00000.0～146.10.010 11111.0→146.10.65.0～146.10.95.0

146.10.011 00000.0～146.10.011 11111.0→146.10.96.0～146.10.127.0

146.10.100 00000.0～146.10.100 11111.0→146.10.128.0～146.10.159.0

146.10.101 00000.0～146.10.101 11111.0→146.10.160.0～146.10.191.0

146.10.110 00000.0～126.10.110 11111.0→146.10.192.0～146.10.223.0

146.10.111 00000.0～126.10.111 11111.0→146.10.225.0～146.10.255.0

子网掩码由默认的 255.255.0.0 变成 255.255.224(11100000).0

【例 5-2】 一个 B 类网络的子网屏蔽码为 255.255.248.0，该网络可以划分为多少个子网？每个子网最多能有多少台主机？

(1) 子网掩码的第 3 字节共占用高 5 位(11111)，最多可以编出 $2^5=32$ 个子网。

(2) 第 3 字节余下 3 位＋第 4 字节的 8 位，共 11 位，可以编出 $2^{11}=2048$ 个主机地址。

注意：主机地址中应该去掉全“0”和全“1”。

5.3.5 无类别(超网)编址

1. 无类别

1992 年，CIDR(Classless Inter Domain Routing)的引入意味着网络层次的地址“类”的概念已经被取消，代之以“网络前缀”的概念。

“无类”含义是路由的策略，是基于 32 位 IP 地址掩码操作的，它不再关心 IP 地址是 A 类、B 类还是 C 类，这样可以使多个连续的 C 类地址或者 B 类地址组合起来使用。这种表示看不出标准的分类，无类网络编址把连续的网络地址组合成一个装载更多主机的网络。例如，多个 C 类地址可以组合成一个连续地址空间，突破了地址必须按照有类地址的三种基本单位划分局限。事实证明，CIDR 的使用已经在一定程度上减慢了地址消耗速度。

2. 编址方法

现举例说明无类别的编址方法。

【例 5-3】 假设申请到连续的地址是 223.1.185.0～223.1.191.0，换成二进制表示就是：

11011111.00000001.10111000.00000000～11011111.00000001.10111111.00000000

如果不考虑第 3 字节的低 3 位(作为主机地址位)，那么第 3 字节的高 5 位都是 184，也就是说这组连续的地址构成了一个前缀(前缀长度为 21)是 223.1.184 的网络，掩码为

255.255.248.0。这样,这个连续网络的主机位数就可以达到11位。通过以上过程,我们就把网络的主机范围扩大了很多。

无分类地址的表示法,以上面地址为例。223.1.185.0/21表示地址掩码为21位(高位21个1,其余为0),高位21位为网络地址标识,低位11位为主机标识。

本题要点和步骤:

- 申请连续的C类地址。
- 找出所有地址相同的前缀。
- 确定子网掩码位数,应与前缀位数相同。
- 确定标识主机位数(32减去前缀位数)。

说明: 无分类方法也可以将主机的空间缩小,例如223.1.185.0/27,只剩下低5位用于标识主机。

5.4 路由协议

路由器运行三层协议:物理层、数据链路和网络层协议,一般情况下,路由协议位于网络协议层。

路由器工作包括寻找路由和转发两项基本内容,路由选择算法判定到达目的地的最佳路径。

为了判定最佳路径,路由器必须启动并维护包含路由信息的路由表,而路由信息依赖于所使用的路由选择算法而不尽相同。

路由选择算法将收集到的不同信息更新路由表,根据路由表将目的网络与下一跳(nexthop)的关系告诉路由器。

路由器之间交换路由信息,更新并维护路由表使之正确反映网络拓扑结构变化,并由路由器根据权重去决定最佳路径。

总之,路由选择必须完成两个任务,一是收集网络的拓扑结构信息,用于建立路由表,另一个任务就是选择最佳路径,转发数据包。两个任务均由路由协议完成。

5.4.1 RIP协议与距离向量选择算法

路由信息协议(Routing Information Protocols,RIP)是使用最广泛的距离向量协议,它是由施乐(Xerox)公司在20世纪70年代开发的。当时,RIP是施乐网络服务(Xerox Network Service,XNS)协议体系的一部分。

TCP/IP版本的RIP是施乐协议的改进版。RIP协议最大的特点是无论实现原理还是配置方法都非常简单,但它不适应大型网络,并且该协议工作在应用层,而不是在网络层。

1. 度量方法

RIP的度量是基于跳数(Hops Count)的,每经过一台路由器,路径的跳数加1。跳数越多，路径就越长。RIP 算法会优先选择跳数少的路径。RIP 支持的最大跳数是 15，跳数为 16 的网络被认为不可到达。

2. 路由更新——距离向量方法

RIP 协议中路由更新是通过定时广播实现的。默认的情况下，路由器每隔 30s 向与它相邻的路由器广播自己的路由表；接到广播的路由器将收到的信息添加到自己的路由表中。

正常情况下，每过 30s 路由器可以收到一次路由信息确认；如果经过 180s，没有一个路由项得到确认，路由器就认为这次更新失效；如果经过 240s，路由项仍没有得到确认，则从路由表中删除与此路由器相关的项目。

3. RIP 存在的缺陷

RIP 虽然简单易行，并且久经考验，但是也存在着一些很重要的缺陷，主要有以下几点。

(1) 过于简单，以跳数为依据计算度量值，经常得出非最优路由。

(2) 度量值以 16 为限，不适合大的网络。

(3) 安全性差，接受来自任何设备的路由更新。

(4) 收敛缓慢，一般的时间大于 5 分钟，一旦有网络故障，会产生死锁现象。

(5) 消耗网络资源等。

5.4.2 OSPF 协议

20 世纪 80 年代中期，RIP 已不能适应大规模异构网络的互联需求，OSPF 协议随之产生。它是 IETF 的内部网关协议工作组(Internet 的一个组织)为 IP 网络开发的一种路由协议。

OSPF 是基于链路状态的路由协议，需要每个路由器向与其同一自治域(同一个广播域)的所有其他路由器发送链路状态广播信息。

在 OSPF 的链路状态广播中包括所有网络接口信息、所有的量度以及其他变量。利用 OSPF 的路由器，首先必须收集有关的链路状态信息，并根据一定的算法计算出到每个节点的最短路径。

国际互联网上分成若干个自治区域，例如中国教育科研网、中国网通网络等，都是一个自治区域。OSPF 将一个自治域再划分为区，对应两种类型的路由选择方式。

(1) 当源和目的地在同一区时，采用区内路由选择。

(2) 当源和目的地在不同区时，则采用区间路由选择。

这样做可以大大减少网络开销，并增加网络的稳定性。当一个区内的路由器出故障时并不影响自治域内其他区路由器的正常工作，这给网络的管理和维护带来方便。

需要说明的是，OSPF 协议使用被称为最短路径优先算法(Shortest Path First，SPF)，这种算法需要每一个路由器都保存一份最新的关于整个网络的拓扑结构数据库，因此路由器不仅清楚地知道从本路由器出发能否到达某一指定网络，而且在能到达的情况下，还能选择出最短的路径以及使用该路径将经过哪些路由器。

OSPF 这个方法被称为链路状态算法，使用链路状态数据包(Link State Packets，LSP)、网络拓扑数据库、路径选择算法，最终计算出从该路由器到其他目标网络的最短路径。这些路径被写入路由表。

5.4.3　静态和动态路由

对于路由来说,可以采取静态路由和动态路由的方式管理。

1. 静态路由

静态路由是指在路由器中设置固定的路由表,除非人为改变路由表,否则静态路由不会发生变化。由于静态路由不能对网络改变作出反应,一般用于网络规模不大、拓扑结构固定的网络中。

静态路由的优点是简单、高效、可靠。在所有的路由中,静态路由优先级最高。当动态路由与静态路由发生冲突时,以静态路由为准。

2. 动态路由

动态路由选择是网络中的路由器之间相互通信、传递路由信息,并利用收到的路由信息更新路由表的过程。

动态路由能实时地适应网络结构的变化。如果路由更新信息表明发生了网络变化,路由选择算法就会重新计算路由,并发出新的路由更新信息。这些信息通过各个网络,引起各路由器重新启动其路由算法,并更新各自的路由表,以动态地反映网络拓扑变化。

动态路由适用于网络规模大、网络拓扑复杂的网络。当然,各种动态路由协议会不同程度地占用网络带宽和 CPU 资源。

静态路由和动态路由有各自的适用范围,因此在网络中动态路由通常作为静态路由的补充。当一个包在路由器中进行路径选择时,路由器首先查找静态路由。如果查到,则根据相应的静态路由转发分组,否则再查找动态路由。

5.4.4　直接路由和间接路由

1. 直接路由

在本地网络中,当数据包从一台计算机传递到另一台计算机时,只使用直接路由。换句话说,数据包的源和目的网络地址是相同的,属于同一个网络,不用通过路由设备转发这个数据包。

2. 间接路由

数据包源和目的网络地址不相同,属于不同的网络,发送方需要路由器转发给目的计算机。中间可能跨越若干网络,这种方式采用间接路由。

3. 认识路由表

路由器中存在一张路由表,用来指出到达目的地(可能是网络,也可能是某台计算机)的路由信息。路由器通过查询这个表,为数据包选择一条到达目的地的路由。

以国际互联网为例,路由表通常包含多个(N,R)路由信息对,其中 N 是目的网络的 IP 地址,R 是到达网络 N 的“下一跳”路由器的 IP 地址。在路由表中,仅指定从本路由器到目的网络路径上的下一步,并不包含到达目的站点的完整路径。

路由表的大小仅取决于互联网中网络的数量，与连接计算机数量无关。IP 路由仅维护有关目的网络地址信息，与计算机地址信息无关。

在 Internet 上，千万台计算机要发送数据，路由表的条目会无限膨胀下去，一种隐藏信息、保持路由表尽可能小的技术是使用默认路由。让 IP 路由选择首先在路由表中查找目的网络，如果表中没有路由，则把数据包发送到一个默认路由器上。当一个网络的地址不多，并且与其他网络只有一个连接时，这种默认路由选择特别有效，选择路由方法也很简单。

以下我们将通过一些路由表举例说明路由的选择过程。

【例 5-4】 如图 5.4，路由表是路由器 R_2 的，一个数据包到达 R_2 后，可以通过直接路由到达网络 20.0.0.0 和 30.0.0.0；但要通过路由器 R_1 和 R_3，才能把数据报转发给网络 10.0.0.0和 40.0.0.0，即要使用间接路由。

图 5.4 中的路由表包括目的网络和下个转发的路由器，"直接交付"表示是直接路由，20.0.0.1 是 R_1 路由器在网络 20.0.0.0 中的 IP 地址，同样，30.0.0.2 是 R_3 路由器在网络 30.0.0.0 中的 IP 地址。R_2 只能识别其他设备的与自己在同一个网络中的 IP 地址。

目的网络	下一跳路由器的地址
10.0.0.0	20.0.0.1
20.0.0.0	直接交付，接口 0
30.0.0.0	直接交付，接口 1
40.0.0.0	30.0.0.2

图 5.4 路由器和路由表

5.5 互联网络使用路由器的案例

5.5.1 使用接入路由器

接入路由器对于一个本地局域网来说十分重要，路由器可以作为前端防火墙，提高本地网络的安全系数。

下面以建立一个企业与 Internet 连接的路由器为例，请参见图 5.5。

由于路由器可以具备防火墙、域名过滤、MAC 地址过滤、防止 DoS(拒绝服务)攻击、支持用户上网权限管理方面的功能，充分保障了网吧的安全；而且，高性能和高稳定性的路由器也能很好地保证网络速度。

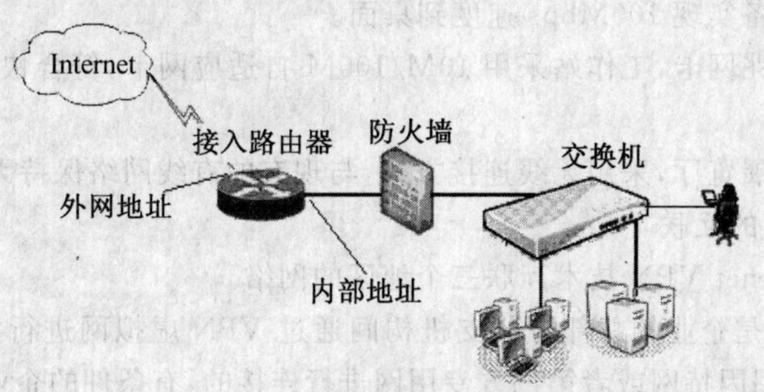

图 5.5　接入路由器的网络

通过这个举例说明，如果想保护本地网络，例如校园网、企业网、医院网、社区网等，在接入 Internet 前端，必须选择性能优良的路由器，目的有两个，一则保护本地网络，二则提高接入 Internet 的网络速度。

在路由器上，至少有两个接口，一个连接外部，一个连接本地网交换机，对应两个端口分别配置外部申请的 IP 地址（根据网络服务商选择固定或动态 IP），另一个端口配置内部本地网的 IP 地址。也可以根据路由器的软件，配置路由。

5.5.2　企业网互联

本节以企业内部网络为例，介绍网络之间的互联。

假设一个企业的总部在北京，另外两个分部在上海和武汉，企业内部要组建自己的网络，使得三地员工均可以共享信息资源，也可以访问互联网。在本例中，只考虑主干网路，不考虑计算机的连接。

具体方案如下：

1. 总部网络

主干采用高级网管交换机，通过 VLAN 技术以实现对每台计算机可访问范围的限制。同时支持端口汇聚功能，能有效提高主干部分的带宽和连接的可靠性，符合现代企业对可靠快速等方面的需要。

采用 VPN 路由器直接接入广域网或利用 ADSL 服务接入 Internet。

对于本部门内部的计算机系统，不同部门根据需要采用系列智能交换机或系列普通二层交换机作为联网设备实现 100Mbps 速度到桌面。

服务器采用千兆网卡，工作站采用 10M /100M 自适应网卡，符合快速以太网的要求，实用性很强。

对于会议室或展览厅，采用无线连接方式，与现有的有线网络保持无缝连接。

2. 分部网络

主干采用千兆交换机；采用若干二层交换机分布在不同部门；采用 VPN 路由器直接接入广域网。

对于本部内部的计算机系统，不同部门根据需要采用系列智能交换机或系列普通二层交换机作为联网设备实现 100Mbps 速度到桌面。

服务器采用千兆网卡，工作站采用 10M/100M 自适应网卡，符合快速以太网的要求，实用性很强。

对于会议室或展览厅，采用无线连接方式，与现有的有线网络保持无缝连接。

3. 总部与分部的互联

本例采用 Intranet VPN 技术互联三个地区的网络。

Intranet VPN 是企业的总部与分支机构间通过 VPN 虚拟网进行网络连接的方式，这种 VPN 是通过公用因特网或者第三方专用网进行连接的，有条件的企业可以采用光纤作为传输介质。它的特点就是容易建立连接、连接速度快，最大特点就是它为各分支机构提供了整个网络的访问权限。

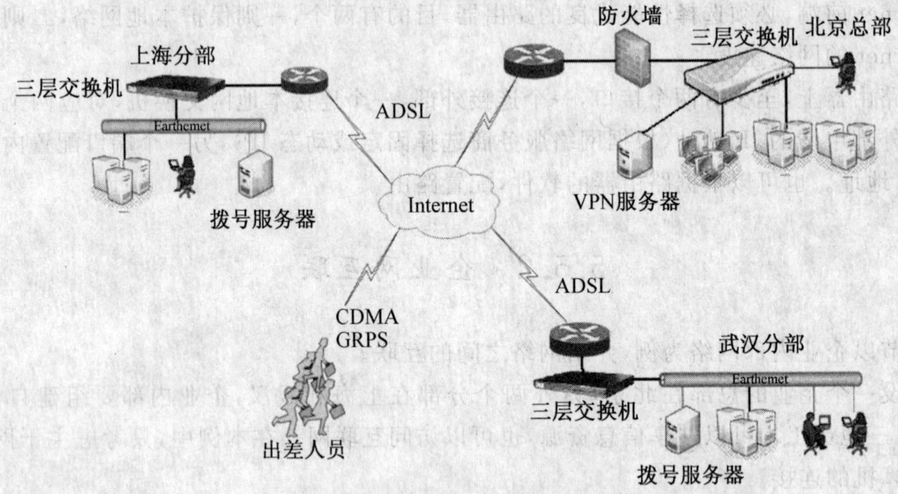

图 5.6　路由器互联的企业内部网络

在分公司增多、业务开展越来越广泛时，网络结构趋于复杂，费用昂贵。利用 VPN 特性可以在因特网上组建世界范围内的 Intranet VPN。利用因特网的线路保证网络的互联性，而利用隧道、加密等 VPN 特性可以保证信息在整个 Intranet VPN 上安全传输。Intranet VPN 通过一个使用专用连接的共享基础设施，连接企业总部、远程办事处和分支机构。企业拥有与专用网络的相同政策，包括安全、服务质量(QoS)、可管理性和可靠性。

本案例重点要解决的是在网络环境中，稳定、高速、安全、经济的远程互联运行，并且安全管理接入用户使用应用系统的问题。

在北京总部内网配备一台装有 Windows Server 2005 以上的服务器，建立以路由和远程访问服务器作为 VPN 网络的管理中心，总部应用软件数据库服务器的网关指向 VPN 服务器。

在上海和武汉分部内网配备一台装有 Windows Server 2005 操作系统的计算机，并安装有"VPN 拨号"，内部其他设备网关指向这个拨号服务器，就可以带动局域网联入北京总部；在外出差人员和移动笔记本和 PDA 也可以通过这个方式实现与公司网络的互联。具体的实施如图 5.6 所示。

或者采用以下方案：

在上海和武汉分部均采用带VPN拨号功能的路由器作为接入VPN网关设备，建立分部与总部之间的连接，参见图5.7。

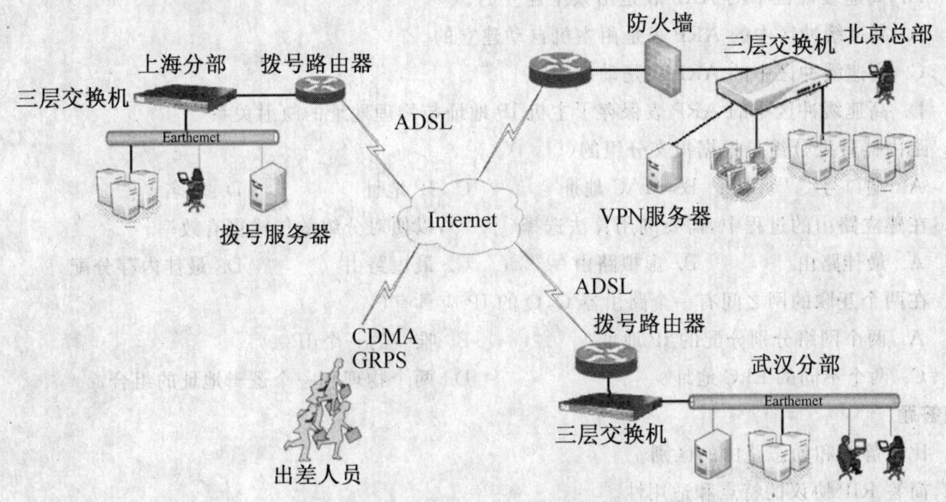

图5.7　路由器互联的企业内部网络

这个方案似乎比前一个好，但实际组网中，利用路由器建立VPN连接存在问题，就是地址的动态性，会使VPN连接不稳定，所以本书建议采用前一方案，如果资金不足，可以简化交换机以及路由器的功能。

【本章小结】

本章主要内容包括网络互连协议、IPv4的IP地址类型和编址方法，IP协议、ARP协议和ICMP协议，路由器和路由协议RIP和OSPF。

【本章难点】

(1) 路由器作用和应用。
(2) 无分类地址。
(3) 路由协议OSPF。

★★★ 习　题　5 ★★★

一、选择题

1. IP地址205.140.36.86的哪一部分表示主机号？（　　）

A. 205　　B. 205.140　　C. 86　　D. 36.86

2. IP地址129.66.51.89的哪一部分表示网络号？（　　）

A. 129.66　　B. 129　　C. 192.66.51　　D. 89

3. 假设一个主机的IP地址为192.168.5.121，而子网掩码为255.255.255.248，那么该主机的子网号

为。(　　)

A. 192.168.5.12　　B. 121　　C. 15　　D. 168

4. 在通常情况下,下列哪一种说法是错误的?(　　)

A. 高速缓冲区中的 ARP 表是由人工建立的。

B. 高速缓冲区中的 ARP 表是由主机自动建立的。

C. 高速缓冲区中的 ARP 表是动态的。

D. 高速缓冲区中的 ARP 表保存了主机 IP 地址与物理地址的映射关系

5. 路由器转发分组是根据报文分组的(　　)。

A. 端口号　　B. MAC 地址　　C. IP 地址　　D. 域名

6. 在建立路由的过程中,需要利用算法选择(　　),以便对分组的传输更有效率。

A. 最佳路由　　B. 虚拟路由　　C. 最短路由　　D. 最佳内存分配

7. 在两个互联的网之间有一个路由器 Q,Q 的 IP 应具有(　　)。

A. 两个网络分别分配的 IP 地址　　B. 唯一的一个 IP

C. 两个不同的 LLC 地址　　D. 两个物理和一个逻辑地址的组合

二、简答题

1. 比较静态和动态路由的区别。
2. 简答 RIP 协议的特点和适用性。
3. 什么是直接路由? 什么是间接路由?
4. 在路由表项中,默认路由的作用是什么?
5. 无分类编址的优势体现在哪几个方面?
6. OSPF 协议适用的环境是什么?

实验四　学习简单的网络设置

【实验目的】

(1) 学习 IP 地址的配置方法。

(2) 学习简单路由设置。

【实验内容】

(1) 配置固定 IP 地址。

(2) 配置动态 IP 地址。

(3) 设置 Windows 2005 Server 计算机为软件路由器。

【课时】 2

【实验要求】

(1) 掌握 IP 地址的配置方法。

(2) 掌握路由的简单配置方法。

【实验条件】

至少两台计算机,一台装有 Windows 2003/2005 Server 操作系统。

【实验步骤】

1. 配置计算机的固定IP地址

(1) 在Windows XP/VISTA桌面上，右击“网上邻居”，单击“属性”，如图5.8所示。

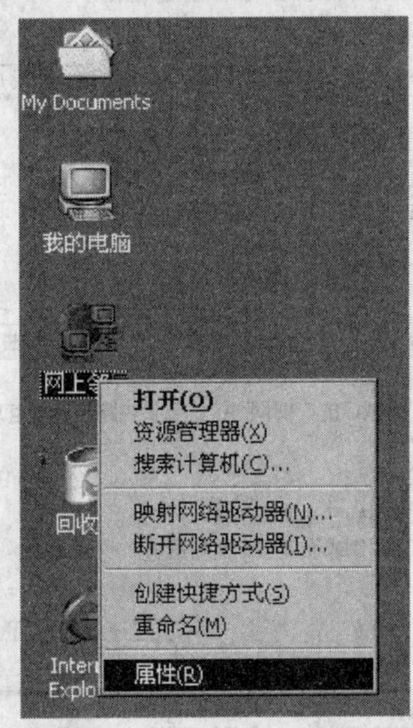

图5.8 设置网络连接属性

(2) 在网上邻居属性对话框中，右击“本地连接”图标，选择“属性”选项，如图5.9所示。

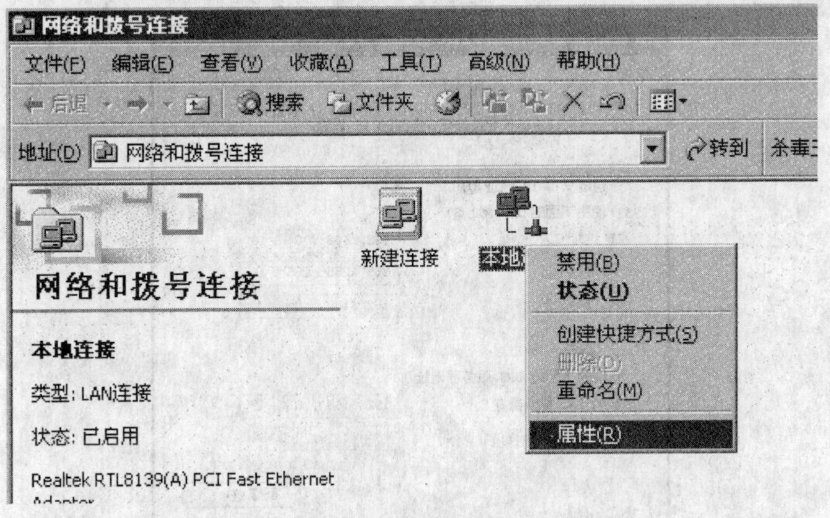

图5.9 设置网络连接属性

(3) 选择 TCP/IP 协议,如图 5.10 所示。

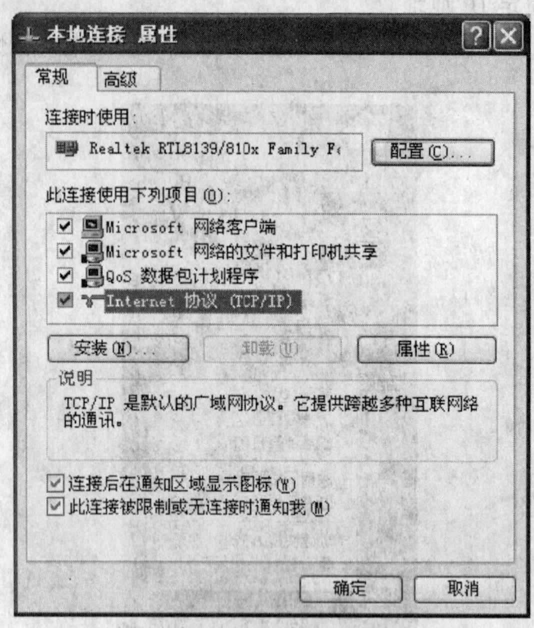

图 5.10 设置网络连接属性

(4) 单击"Internet 协议(TCP/IP)",单击"属性",选择"使用下面的 IP 地址",填写 IP 地址、子网掩码、默认网关等,如图 5.11 所示。

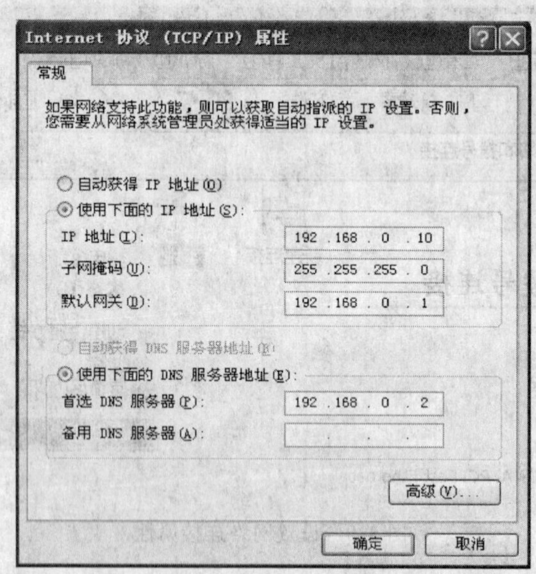

图 5.11 配置固定 IP 地址

提示:

● 图中的地址为内部网络地址,需要为每台计算机选择不同的 IP 地址;

- 掩码均为 255.255.255.0；
- 默认网关是代理内部网络访问外部网络的计算机或路由器，它还具有一个外部地址，本例不做设置；
- DNS 是解析域名的服务器；
- 本例以内部网络为例，如果换为其他类型的地址，方法类似。

(5) 单击“确定”按钮，完成配置。

2. 配置动态 IP 地址

配置动态 IP 地址的方法为：在 1 的(4)中，选择自动获取地址即可，参见图 5.12 配置动态 IP 地址，其他步骤相同。

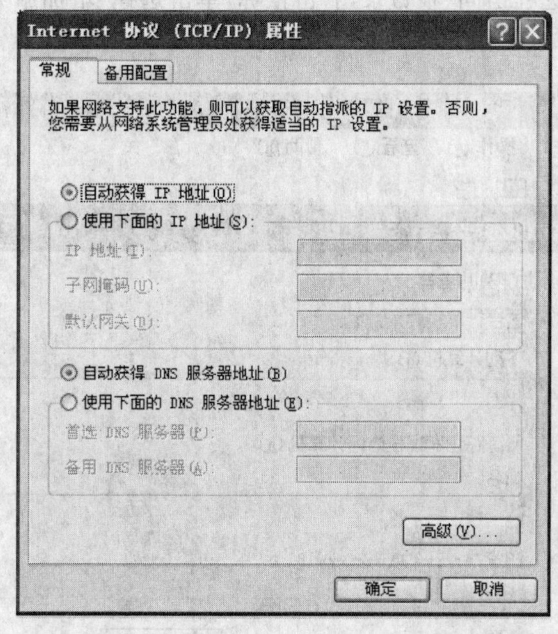

图 5.12　配置动态 IP 地址

3. 查看本计算机当前设定的 IP 参数

本实验利用“ipconfig”命令。

(1) 进入命令提示符，单击“开始”→“程序”→“附件”→“命令提示符”；

(2) 在窗口中输入 ipconfig，并按回车键，可见目前各个网络连接的 IP 地址、默认网关、DNS 解析等项目；

(3) 输入 ipconfig　/all，并按回车键，查看详细的信息。

4. 设置路由器

Microsoft Windows Server 操作系统具有“路由和远程访问”服务，这个服务提供了很多经济功能，可以与多种硬件平台和不同类型的网卡协同工作。“路由和远程访问”服务提供多协议路由服务，包括 LAN 到 LAN、LAN 到 WAN、虚拟专用网 (VPN) 以及网络地址转换 (NAT)，在第 4 章的实验中已经运用了 VPN 服务，本章的实验是为两个局域网建立软件路由器。

目前实验环境是两个网段，一个为 192.168.1.0，另一个为 192.168.2.0。

在没有路由器的条件下，只有同一个 IP 子网内的主机才能通信；如果主机不在同一网段内，则即使通过同一个交换机或集线器连接也无法相互通信。

可以采用以下方法实现两个网络互联：

在一台 Windows Server 服务器上绑定两个 IP 地址，分别是 192.168.1.1 和 192.168.2.1；把这台 Server 中的路由服务启动，将 Windows Server 2003 作为路由器，实现两个网段的互联互通。

(1) 单击"开始"→"所有程序"→"管理工具"→"路由和远程访问"，打开"路由和远程访问"管理窗口。

(2) 选择"路由和远程访问"根目录，右击鼠标，单击选择"增加服务器"，选择"这台计算机"，单击"确定"，如图 5.13 所示。

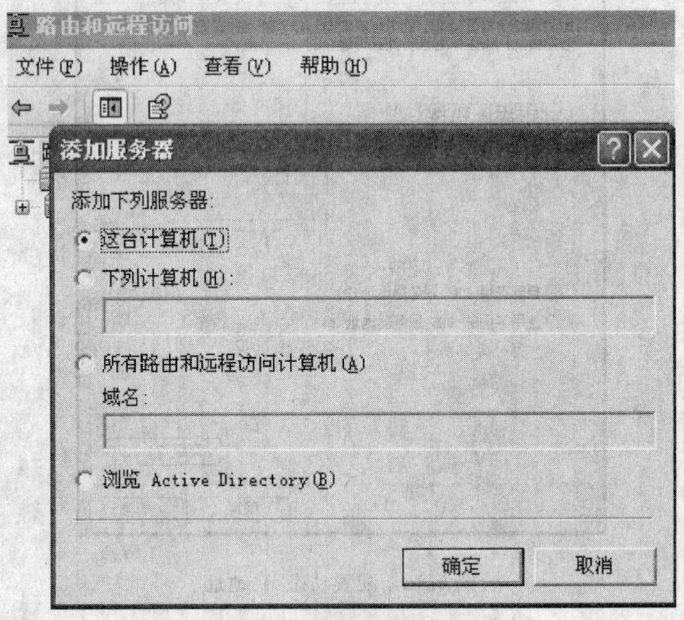

图 5.13 选择服务器

(3) 配置并启用路由器，选择(2)添加的服务器，右击鼠标，单击选择"配置并启用路由和远程访问"选项。

(4) 出现"路由和远程访问安装向导"对话框，单击"下一步"，选择"两个专用网络之间的安全连接"，单击"下一步"，如图 5.14 所示。

(5) 在"请求拨号连接"对话框中选择"否"单选框，然后单击"下一步"按钮继续。

(6) 向导弹出一个对话框，单击"完成"按钮，至此服务器安装才全部完成。

(7) 配置 Server 的 IP 地址

配置 Windows Server 服务器的两个 IP 地址，分别是 192.168.1.1 和 192.168.2.1。

① 按照配置计算机的固定 IP 地址的方法给 Server 配置第一个 IP 地址 192.168.1.1。

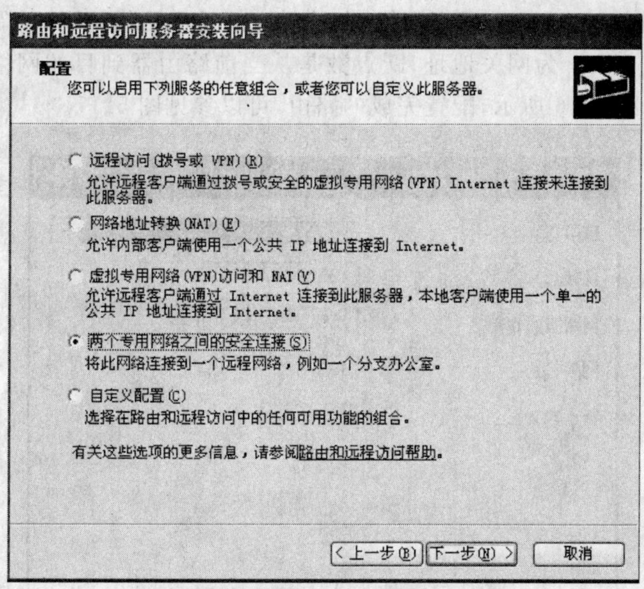

图 5.14　建立两个网络之间的连接

② 在图 5.15 所示的对话框中单击高级，在“IP 地址”项下单击“添加”按钮，输入第 2 个 IP 地址 192.168.2.1，单击“添加”→“确定”。

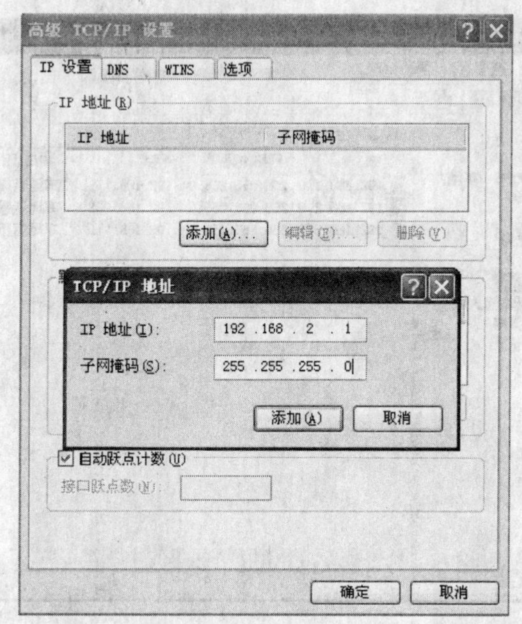

图 5.15　配置第 2 个 IP 地址

(8) 配置静态路由

① 单击“开始”→“所有程序”→“管理工具”→“路由和远程访问”，打开“路由和远程访问”管理窗口。

② 选择“IP 路由选择”下的子项目“静态路由”，右击鼠标，单击 “新建静态路由”。

③ 选择本地连接接口，填写目标网络，以及对应的目标网络掩码，填写网关的 IP 地址，本实验假设 192.168.1.1 为网关地址；跃点数是从当前路由器到目的网络经过的路由器个数，单击“确定”，如图 5.16 所示，配置完成的路由，可以参见图 5.17。

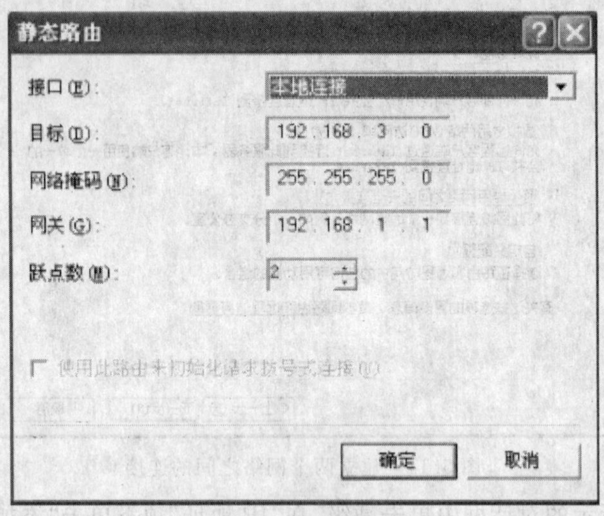

图 5.16 配置静态路由

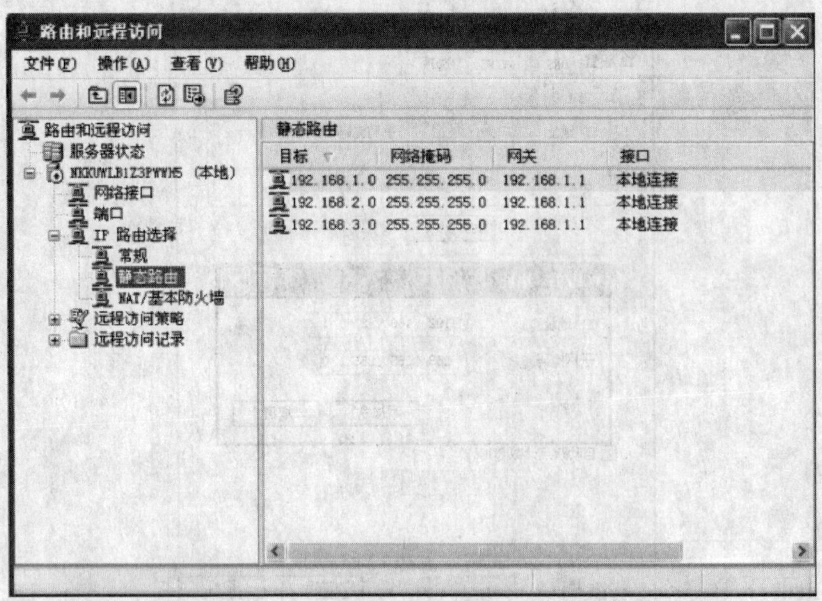

图 5.17 配置完成的静态路由

【问题与思考】

(1) 在本实验中的路由器功能与 VPN 有哪些不同？

(2) 如果使用 ADSL 连接到中国电信的网络，是否还要设置固定的 IP 地址？

第 6 章　Internet 网络提供的服务

本章介绍在 Internet 上提供的服务，其中包括域名、电子邮件、文件上传和下载、信息浏览等服务。这些都是互联网上给用户提供的必要服务，通过这些服务，我们可以发送电子邮件，下载图片和其他资料，服务是直接面对用户的。

【本章主要内容】

- 客户机/服务器模型。
- 域名服务。
- 电子邮件服务。
- 文件传输服务。
- Web 服务。

6.1　基础知识

Internet 网络涵盖丰富的信息资源，存储的信息以商业、科技和娱乐信息为主。通过 Internet 我们可以了解来自世界各地的信息，收发电子邮件，与朋友聊天，进行网上购物，观看影片，欣赏音乐，阅读网上杂志等。

在 Internet 网络上传播的信息形式多种多样，世界各地用它传播信息的机构和个人越来越多，网上的信息内容也越来越广泛和繁杂。Internet 已成为世界上最大的广告系统、信息网络和新闻媒体。

Internet 网络中有许多专题论坛，相同专业、行业或兴趣相投的人可以在网上提出专题展开讨论，论文可长期存储在网上，供人调阅或补充。

Internet 网络已经成为目前世界上资料最多、门类最全、规模最大的资料库，你可以自由在网上检索所需资料。

那么 Internet 是怎样提供服务的？

6.1.1　Internet 的应用层主要协议

Internet 使用 TCP/IP 体系结构，其中包括若干层协议，TCP/IP 的应用层面向不同的网络应用引入了不同的应用层协议。应用层的主要协议如下。

(1) 依赖面向连接的 TCP 服务的协议：包括虚拟终端协议（Virtual Terminal Protocol，VTP）、文件传输协议（File Transfer Protocol，FTP）、简单邮件传输协议（Simple Mail Transport

Protocol,SMTP)、超文本链接协议(HyperText Transfer Protocol,HTTP)。

(2) 依赖 UDP 服务的协议:包括简单文件传输协议(Trivial File Transfer Protocol, TFTP)、网络文件系统(Network File System,NFS)、远程进程调用(Remote Procedure Call,RPC)、简单网络管理协议(Simple Network Management Protocol,SNMP)。

(3) 依赖 TCP 和 UDP 服务的协议:包括 DNS、公共管理信息服务与协议(Common Management Over TCP/IP, CMOT)。

6.1.2 客户机/服务器模型

1. 认识客户机/服务器模型

客户机和服务器是参与通信的两个应用实体,客户机主动发起通信请求,服务器被动地等待通信的建立。

客户机和服务器都是连入网络的独立计算机进程[①]。当某一台计算机的一个进程向其他计算机提供如数据、文件的共享等各种网络服务时,它就被称为服务器。而那些用于访问服务器资源的计算机进程则被称为客户机。

严格地说,客户机/服务器模型并不是从物理分布的角度来定义的,它体现的是一种网络服务模式。

客户机/服务器模型特性如下。

(1) 网络中每台联网的计算机既为本地用户提供服务,也为网络中其他主机的用户提供服务。

(2) 每台联网的计算机硬件、软件与数据资源应该既是本地用户可以使用的资源,也是网络的其他主机的用户可以共享的资源。

(3) 每一项网络服务都对应一个"服务程序"进程。

(4) "服务程序"进程要为每一个获准的网络用户请求执行一组规定的动作,以满足用户网络资源共享的需要。

(5) 网络环境中进程通信要解决的进程间相互作用的模式。

(6) 客户机与服务器分别表示相互通信的两个应用程序进程;有时也称运行客户机进程的计算机为客户机,运行服务器进程的计算机为服务器。

(7) 客户机向服务器发出服务请求,服务器响应客户机的请求,提供客户机所需要的网络服务,参见图 6.1。

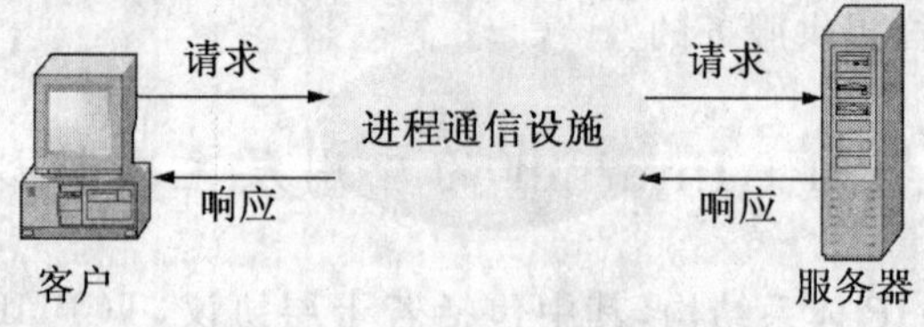

图 6.1 客户机/服务器模型

① 进程是程序在计算机上的一次执行活动。

2. 使用客户机/服务器模型的原因

(1) 网络资源分布的不均匀性

网络资源分布的不均匀性表现在硬件、软件和数据等方面。第一，从设计和建设应用的人员角度考虑，他们希望网络资源分布是不均匀的；第二，网络不同结点之间在硬件配置、计算能力、存储能力，以及信息分布等方面存在着差距。

所以，需要能力强、资源丰富的一方充当服务方，也就是充当服务器的角色，能力弱或需要某种资源的一方成为资源的使用者，即客户端的角色。

(2) 网络环境中进程通信的异步性

分布在不同主机系统中的进程什么时间发出通信请求，希望和哪一台主机的哪一个进程通信，以及对方进程是否能接受通信请求都是不确定的，没有高度的调度和协调。

基于以上原因，应该建立一个体制，即在准备通信的进程之间建立起连接，并在进程交换数据过程中维护连接，为数据交换提供同步控制机制。

6.2 域名服务

DNS(Domain Name System)是我们常说的域名系统。为了使基于 IP 地址的计算机在通信时便于被用户所识别，Internet 在 1985 年开始采用域名管理系统。互联网上的服务器是通过 IP 地址进行识别的，但 IP 地址不便记忆。所以通过域名和 IP 地址的对应关系实现了寻址，DNS 的作用就在于将便于人们记忆的域名(例如外经贸大学的 Web 服务器的域名为 www.uibe.edu.cn)解析成 Internet 可以识别的 IP(假设 202.204.222.3)地址。

6.2.1 层次式主机的命名规则

在 Internet 上，域名具有命名的规则。一台计算机的域名表示为：**计算机主机名.机构名.网络名.最高层域名**。图 6.2 所示为 Internet 的域名系统。

这是一种分层的管理模式，域名用文字表达比用数字表示的 IP 地址容易记忆。加入 Internet 的各级网络依照 DNS 的命名规则对本网内的计算机命名管理，并在通信时负责完成域名到对应的 IP 地址转换。

下属于美国国防部的国防数据网络通信中心(DDNNIC)负责 Internet 最高层域名的注册和管理，同时它也负责 IP 地址的分配工作。

DNS 提供目录服务，通过搜索计算机的名称实现 Internet 网络上该计算机对应的 IP 地址的查找，反之亦然。表 6.1 给出了顶级域名表。

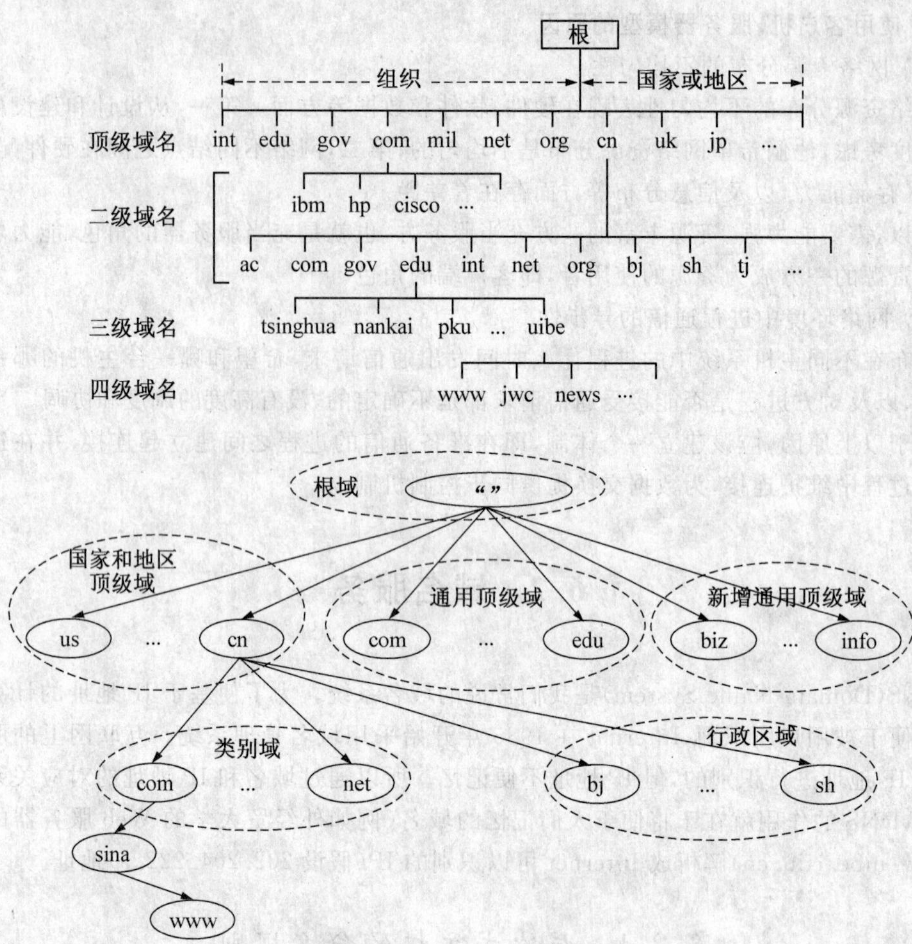

图 6.2 Internet 的域名系统

表 6.1 顶级域名表

域 名	类 型	全 称
com	商业机构	commercialorganization
edu	教育机构	educationalinstitution
gov	政府部门	Government
int	国际性机构	internationalorganization
mil	军队	Military
net	网络机构	networkingorganization
org	非盈利机构	non-profitorganization
au	澳大利亚	Australia
ca	加拿大	Canada

续 表

域 名	类 型	全 称
ch	瑞士	Switzerland"ConfoederatioHlvetia"
cn	中国	China
de	德国	Germany"Deutschland"
es	西班牙	Spain"Espana"
fr	法国	France
hk	中国香港地区	HongKong
jp	日本	Japan
tw	中国台湾地区	Taiwan
uk	英国	UnitedKingdom
us	美国	UnitedStates

6.2.2 Internet 域名服务器的层次

一个根服务器(root server)在这个层次体系的顶部,它是顶层域的管辖者。例如,一个公司网络或校园网内可以将它所有的域名都由一个域名服务器解析,也可以同时运行几个域名服务器,那么可以称这个校园或公司网络范围为一个区域。

在一个区域内有多台域名服务器时,域名服务器分为主域名服务器和从域名服务器。

(1) 主域名服务器

直接从本区数据文件(zone file)中加载本区的信息,区数据文件中包含了服务器所在区内的服务器主机名和它们对应的 IP 地址。

(2) 从域名服务器

在启动时与负责本区的主域名服务器进行联系,经过一个"区内传输"的过程复制主服务器的数据库。此后,将周期性的查询主域名服务器的数据是否被修改,以保持自己数据库中的数据是最新版本。

图 6.3 所示为域名服务器的数据库中存放域名与 IP 的对应关系的记录形式。

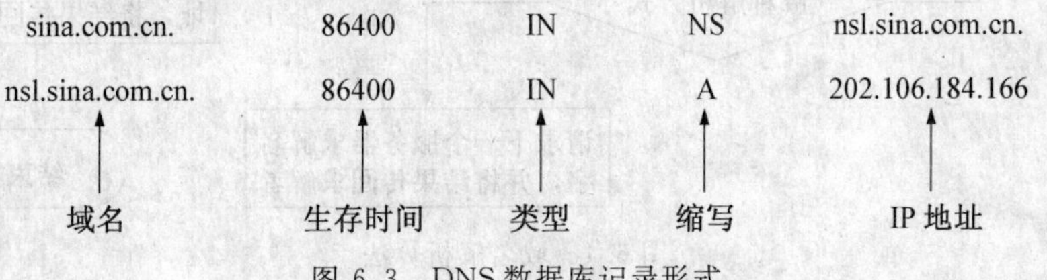

图 6.3 DNS 数据库记录形式

6.2.3 域名解析原理

域名解析服务器的主要任务是完成域名到IP地址的解析过程,也采用客户机/服务器模式。

在域名服务器上运行一个服务进程,该进程实现域名到IP地址的解析,则称该服务器为域名解析服务器。域名服务器中存储一个区域(可以理解为DNS服务器负责解析的范围)或多个区域中主机的信息。通常在一个区域内设置多台服务器,主要目的是为了提高域名解析系统的可靠性。当其中某台域名服务器出现故障时,其负责解析的所有域名请求能够转发给其他的域名服务器;并且,可以将域名的请求平均分担给多台服务器,如此便提高了整个系统域名解析的能力和解析的效率,并且可以根据需要将多台域名服务器放置到不同的地方,为用户提供就近地理位置的解析服务。

1. 解析算法

图6.4所示为域名解析算法。对其中一些概念的解释如下。

(1) 递归解析

要求名字服务器系统一次性完成全部名字到地址的变换,任务主要由服务器软件承担。

(2) 反复解析

每次请求一个服务器,如果解析不出来,再请求别的服务器,反复解析的任务主要由域名解析服务器软件承担。

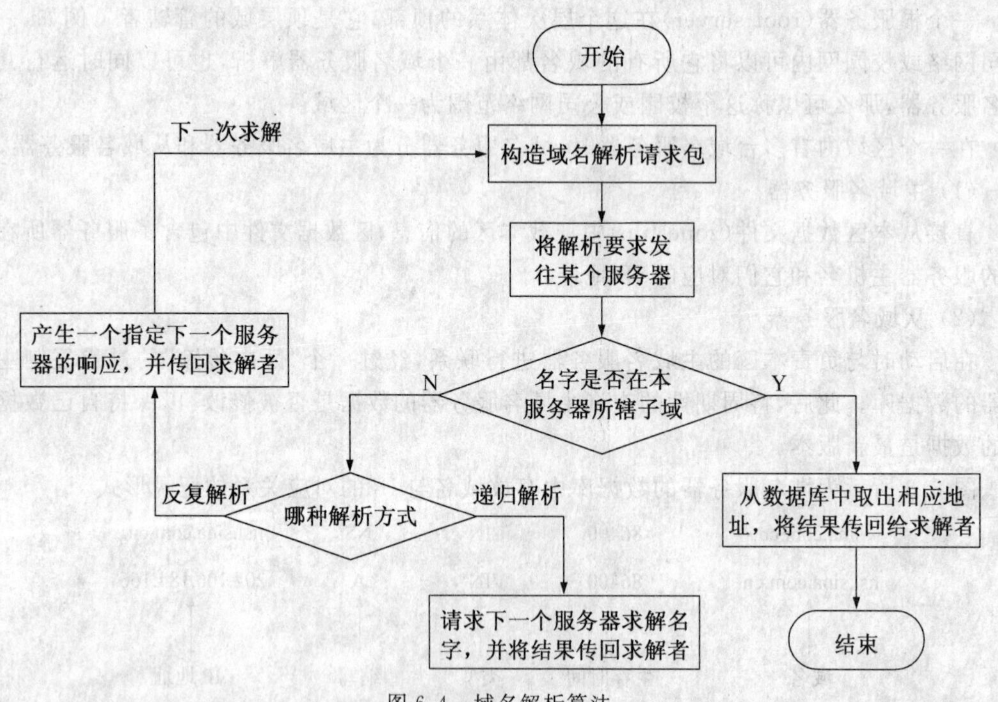

图6.4 域名解析算法

2. 解析的完整过程案例

我们以一个案例来说明域名解析的过程(参见图 6.5)。

(1) 用户提出域名解析请求,并将该请求发送给本地的域名服务器。

(2) 当本地的域名服务器收到请求后,查询本地的缓存。如果有该纪录项,则本地的域名服务器直接把查询的结果返回。

(3) 如果本地的缓存中没有该纪录,则本地域名服务器直接把请求发给根域名服务器,由根域名服务器将其返回给本地域名服务器一个所查询域(根的子域,如 cn)的主域名服务器的地址。

(4) 本地服务器再向步骤(3)中返回的域名服务器发送请求,收到该请求的服务器则查询其缓存,并返回与此请求所对应的记录或相关的下级域名服务器的地址,由本地域名服务器将返回的结果保存到缓存。

(5) 重复第(4)步,直到找到正确的纪录。

(6) 本地域名服务器把返回的结果保存到缓存,以备下一次使用,同时还将结果返回给客户机。

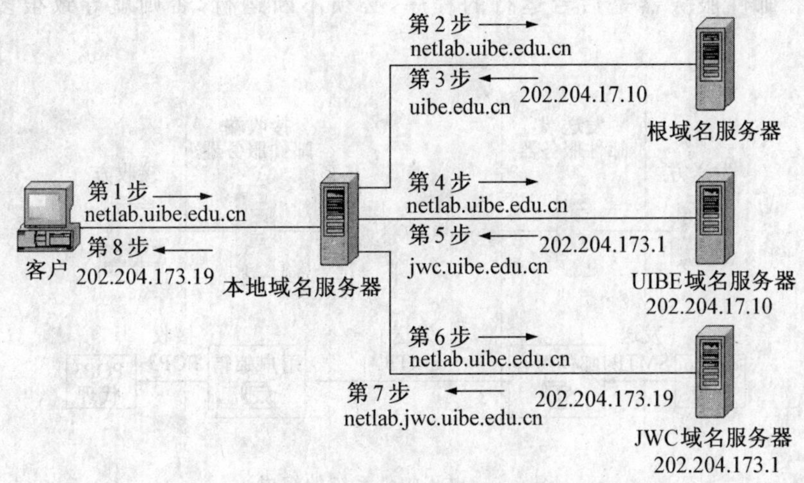

图 6.5 域名解析的过程案例

6.3 电子邮件服务

6.3.1 认识电子邮件系统

目前,电子邮件已经被广泛应用,在此关于电子邮件的概念不再叙述。但必须清楚电子邮件系统的以下主要功能。

(1) 接收和发送邮件的电子邮件系统不但可以传输各种格式的文本信息，而且还可以传输图像、声音、视频等多种信息。

(2) 邮件系统的核心邮件服务器负责接收用户送来的邮件，并根据收件人地址发送到对方的邮件服务器中；同时负责接收由其他邮件服务器发来的邮件，并根据收件人地址分发到相应的电子邮箱中。

6.3.2 工作模式

1. 电子邮件系统的体系结构

(1) 代理

代理也被称为邮件阅读器，是用户与电子邮件系统的接口，允许用户阅读和发送电子邮件，一般为用户进程。例如 Outlook、Foxmail 都是受欢迎的电子邮件用户代理。

(2) 邮件服务器

邮件服务器是电子邮件系统的核心，起到邮局的作用。接收用户邮件，根据地址传输(见图 6.6)。邮件服务器是后台运行的程序，必须不断运行，否则就导致很多外来邮件丢失。

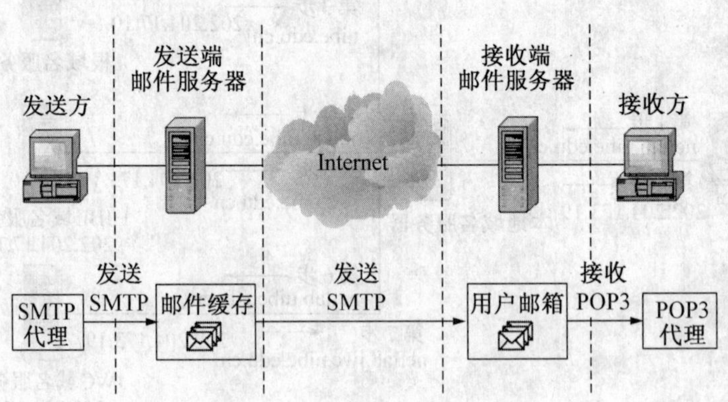

图 6.6 电子邮件系统的组成

2. 邮件传输协议

在一些邮件代理中需要配置协议，邮件系统需要邮件发送和接收协议，才能完成完全的服务。例如，SMTP 协议负责邮件的发送工作；POP3 等协议负责接收邮件。

(1) SMTP 协议

其特点和功能如下。

① 运行在 TCP 协议之上，使用公开端口号 25。

② 使用简单的命令传输邮件。

③ 规定了 14 条命令和 21 种响应信息。

④ 使用客户机/服务器工作模式，SMTP 客户机发送邮件的 SMTP 进程，SMTP 服务器接收邮件的 SMTP 进程。

(2) POP3

其特点和功能如下。

① 是一个简单的邮件读取协议。

② 使用客户机/服务器的工作方式。

③ 接收邮件的用户主机运行 POP3 客户程序,邮件服务器运行 POP3 服务器程序。

④ 运行在 TCP 协议之上,使用公开的端口号 110。

⑤ 规定了 15 条命令和 24 种响应信息。

POP3 协议的服务器是具有存储转发功能的中间服务器,该类服务器在邮件交付给用户之后,不再保存这些邮件。IMAP 协议可以解决这个问题。

(3) IMAP

其特点和功能如下。

① 当客户程序打开 IMAP 服务器的邮箱时,可以看到邮件的首部;如果用户需要打开某个邮件,可以将该邮件传送到用户的计算机;在用户未发出删除邮件的命令前,IMAP 服务器邮箱中的邮件一直保存着。

② POP3 协议是在脱机状态下运行的,而 IMAP 协议是在联机状态下运行。IMAP 协议的功能优于 POP3 协议。

6.4 文件传输服务

6.4.1 认识文件传输协议

文件传输协议(File Transfer Protocol,FTP)提供文件传输服务。文件传输服务可以传输任何格式的数据,可以访问 Internet 的各种 FTP 服务器。访问 FTP 服务器的模式分为两种,一种访问是注册用户登录到服务器系统,另一种访问是匿名(anonymous)进入服务器,其中匿名服务受到广泛欢迎,成为人们获得网络资源的一种重要手段。

文件传输服务提供从一台计算机上传和下载文件功能,这台提供文件的计算机被称为 FTP 服务器,需要文件的计算机被称为客户机。

1. 文件传输服务的主要内容

(1) 可以在客户机和服务器之间传输 1 个或多个文件。

(2) 传输多种类型、多种结构、多种格式的文件。

(3) 具有本地和远程系统的目录操作功能,可以改变目录。

(4) 具有改变文件名、显示内容、改变属性、删除等功能。

2. 文件传输协议

FTP 是互联网使用最广泛的协议之一,它提供通用类型用户界面。

(1) FTP 使用客户机/服务器模型,用户使用本地的 FTP 客户端进程,提出传输文件的请求；另一个运行在远程主机上的FTP服务器进程，响应用户请求，并把指定的文件传输到相应的主机上。

(2) FTP提供匿名的和授权的访问。匿名服务允许用户不用事先在FTP服务器上进行注册，一般使用“anonymous”用户名，密码使用用户的电子邮件地址；非匿名服务必须事先向服务器管理申请用户名和密码，即必须获得授权许可。

6.4.2 FTP工作原理

图6.7所示为FTP工作原理图，具体流程如下。

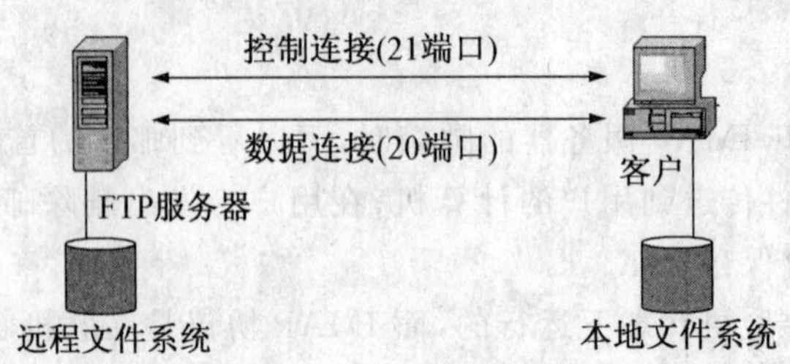

图6.7 FTP工作原理

(1) FTP客户端的服务进程首先建立一个TCP的连接到FTP服务器的端口21号。

(2) FTP客户端通过该连接发送用户的标识、密码等，通过该连接命令改变远程系统的当前目录。

(3) 当传输文件时，FTP服务器在其20号端口与客户端建立一个数据连接。

(4) 当传输结束时，立即断开该数据连接。

(5) 控制连接一直打开，数据连接根据情况选择开或关。

6.4.3 利用IIS建立FTP服务的举例

IIS是Internet信息服务(Internet Infomation Service)的缩写，是Microsoft Windows操作系统的一个组件。IIS的主要功能包括提供WWW服务器、FTP服务器等。它使得在网络上发布信息不仅成为可能，也变成了一件很容易的事情。

1. 安装IIS步骤

(1) 启动操作系统、控制面板的“添加/删除程序”。

(2) 单击“添加/删除Windows组件”，出现“Windows组件向导”对话框，从列表中选择“Internet信息服务”。

(3) 单击“下一步”，按照向导所示步骤操作即可。如图6.8所示。

图 6.8 Windows 组件向导

2. 运行 IIS

打开 IIS 管理器，选择“开始菜单”→“程序”→“管理工具”→“Internet 信息服务”。

3. 建立 FTP 站点

(1) 右击一个域，创建一个 FTP，进行权限设置，如读取、写入，所做的设置代表是否可以上传或下载。

(2) 打开 FTP 属性，进行连接设置：有限/无限连接以及超时连接的处理方法。

(3) 设置安全账号属性：如果是公共信息较多的 FTP，可选择“允许匿名登录”。

(4) 设置主目录属性：包括本地路径、目录列表风格等。

(5) 设置目录安全性：可选择对某主机拒绝访问。

(6) 创建虚拟目录：避免系统目录暴露，提高安全性。

提示：比 IIS 更常用的 FTP 软件是 SERVER-U，可以从网络下载试用版。

6.5 Web 服务

6.5.1 认识 WWW

万维网(World Wide Web，WWW)在 Internet 上提供最受欢迎、最流行的信息检索服务。WWW 给计算机网络用户提供了一种简单的方式——利用 WWW 浏览器(例如 IE 或其他)去访问各种媒体。它改变了人们观察和创建信息的方式，强有力地推动了 Internet 的广泛应用。

1945 年，Vannevar Bush(Hypertext 之父)提出了 memex，这是最早提出的超文本(不但

包括文本,也包括语音和图形图像)雏形,之后很多人都研究了不同的超文本系统。

1989 年,欧洲粒子物理实验室(CERN)科学家 Tim Berners Lee 首先提出了 WWW 的概念,并将它作为高能物理学界科学家传输新方法、新成果的工具。

1990 年末,第一个 WWW 软件在计算机上出现。

1992 年,CERN 正式发表了 WWW,Marc Andrecsen 等人编写了 NCSA MOSAIC 程序,使 WWW 浏览器的发展日渐成熟。

1994 年,在 Internet 上传送的 WWW 数据量首次超过 FTP 的数据量,并一跃成为访问 Internet 资源最流行的手段。

6.5.2 WWW 术语

1. 浏览器(Browser)

网页浏览器是个显示网页服务器或文件系统内的文件,并让用户与这些文件互动的一种软件。它用来显示在万维网或局域网等内的文字、影像及其他信息。这些文字或影像,可以是连接其他网址的超链接,用户可迅速及轻易地浏览各种资讯。网页一般是 HTML 的格式。有些网页需要使用特定的浏览器才能正确显示。

我们用浏览器以客户机/服务器的工作模式去访问某一个服务器,客户机是在 Internet 上的一个站点上请求 WWW 文档的浏览器,WWW 服务器是保存 WWW 信息的计算机,Web 服务允许用户在客户机上发出请求,在服务器和浏览器之间传输超文本信息。

浏览器的作用是把从服务器传回的超文本信息展现在用户面前。目前市场上常用的浏览器包括 IE、NETSCAPE、FireFox、MyIE 等等,以下只介绍 IE 和 FireFox 两种浏览器。

(1) IE

Windows Internet Explorer,原名称是 Microsoft Internet Explorer,简称 MSIE(一般称为 Internet Explorer,简称 IE),是微软公司推出的一款网页浏览器。Internet Explorer 提供了丰富的网页浏览和建立特性,例如 Microsoft Update 被设计在浏览器内等。

(2) FireFox

FireFox(火狐浏览器)是开源基金组织 Mozilla 研发的产品,属于完全开源的免费软件,任何人都可以得到它的源代码,并可对其加以修改。

火狐浏览器安全性高是重要的指标,具有阻止弹出式窗口功能,有效阻止未经许可的弹出窗口。不加载有害的 ActiveX 控件,并且运行速度快,占用系统资源较少。

FireFox 2.0 大小仅为 5.7M,是 IE 的 1/9,运行时加载的控件少,运行速度快,浏览网页时采用分页方式,可以加快页面加载的速度。

2. 超文本传输协议(HTTP)

HTTP(Hypertext Transfer Protocol)的作用是解释和显示在 WWW 上找到的超文本(Hypertext,用 HTML 或其他语言编写的),HTML 语言本身包含了各种格式化超文本的方法,所以允许浏览器根据它格式化每一种文本类型,以获得设计者当初设计时希望的 WWW 页面(Web Page 或 HomePage)屏幕显示效果。

HTTP 协议定义了 Internet 上超文本的传输方式，该协议所检索的文档包含用户可以进一步检索的链接。当浏览器与远程服务器连接后，它只检索原始信息，并很快撤销连接。这种连接是非持续的，仅当需要把更详尽的信息传送到客户机时才重新打开，这样就把对 Internet 的资源占有减小到最低限度。

计算机从远程服务器上获取的第一个文档是主页(Home Page)，它会包含许多指针 URL 指到其他服务器。以此类推，整个 Internet 就是一个互相连接而成的有机整体(Web Space)。

3. URL(Uniform Resource Locator)

统一资源定位符(Uniform Resource Locator，URL)也被称为网页地址，是因特网上标准的资源的地址。是用于完整地描述 Internet 上网页和其他资源的地址的一种标识方法。

Internet 上的每一个网页都具有一个唯一的名称标识，通常称之为 URL 地址，这种地址可以是本地磁盘，也可以是局域网上的某一台计算机，更多的是 Internet 上的站点。简单地说，URL 就是 Web 地址或“网址”。

对于 Internet 服务器或万维网服务器上的目标文件，可以使用“统一资源定位符(URL)”地址，以“http://”开始，Web 服务器使用“超文本传输协议(HTTP)”。

URL 的一般格式如下：

protocol://hostname[:port]/path/[;parameters][? query]#fragment

说明：

(1) protocol(协议)

指定使用的传输协议，以下列出 protocol 属性的有效方案名称。最常用的是 HTTP 协议，它也是目前 WWW 中应用最广的协议。

- file 资源是本地计算机上的文件。格式为 file://
- ftp 通过 FTP 访问资源。格式为 FTP://
- gopher 通过 Gopher 协议访问该资源。格式为 gopher://
- http 通过 HTTP 访问该资源。格式为 HTTP://
- https 通过安全的 HTTPS 访问该资源。格式为 HTTPS://
- mailto 资源为电子邮件地址，通过 SMTP 访问。格式为 mailto:
- MMS 通过支持 MMS(流媒体)协议的播放该资源(代表软件：Windows Media Player)。格式为 MMS://
- ed2k 通过支持 ed2k(专用下载链接)协议的 P2P 软件访问该资源(代表软件：电驴)。格式为 ed2k://
- Flashget 通过支持 Flashget：(专用下载链接)协议的 P2P 软件访问该资源(代表软件：快车)。格式为 Flashget://
- thunder 通过支持 thunder(专用下载链接)协议的 P2P 软件访问该资源(代表软件：迅雷)。格式为 thunder://
- news 通过 NNTP 访问该资源。格式为 news:
- tencent 通过支持 tencent(专用聊天连接)协议和用户对话(代表软件：QQ、TM)。格

式为 tencent://message/? uin=号码 &Site=&Menu=yes

- msnim 通过支持 msnim(专用聊天连接)协议和用户对话(代表软件：MSN、WLM)。格式为 msnim:chat? contact=邮箱地址

(2) hostname(主机名)

是指存放资源的服务器的域名系统(DNS)主机名或 IP 地址。

(3) port(端口号)

可选的参数,省略时使用方案的默认端口,各种传输协议都有默认的端口号,如 http 的默认端口为 80。

(4) path(路径)

由零或多个"/"符号隔开的字符串,一般用来表示主机上的一个目录或文件地址。

(5) parameters(参数)

用于指定特殊参数的可选项。

(6) query(查询)

可选,用于给动态网页(如使用 CGI、ISAPI、PHP/JSP/ASP/ASP. NET 等技术制作的网页)传递参数,可有多个参数,用"&"符号隔开,每个参数的名和值用"="符号隔开。

(7) fragment

信息片断,为字符串,用于指定网络资源中的片断。例如一个网页中有多个名词解释,可使用 fragment 直接定位到某一名词解释。

提示：Windows 操作系统对 URL 不区分大小写,但在 Unix/Linux 系统则区分大小写。

例如：http://www. uibe. edu. cn/yxxl/index. html,告诉 WWW 浏览器使用 http 协议,从对外经济贸易大学的 WWW 服务器上 yxxl 子目录下找到 index. html 这个文件。

提示：URL 转发是通过服务器的特殊设置,将访问当前域名的用户引导到指定的另一个网络地址。

例如,URL 转发可以让用户在访问 http://www. 123. com 时,自动转向访问到一个自己指定的网址"http://www. QQ. com",URL 转发功能是万维网提供的域名注册后的增值服务。

6.5.3 WWW 的工作原理

图 6.9 所示为 WWW 的工作原理。

(1) 浏览器确定 URL。

(2) 浏览器向 DNS 询问 WWW 服务器的 IP 地址。

(3) DNS 返回 IPW 作为 WWW 服务器的 IP 地址。

(4) 浏览器与 IPW 的服务端口建立一条 TCP 连接。

(5) 浏览器利用 GET 命令请求传输具体页面。

(6) WWW 服务器应答页面。

(7) 释放 TCP 连接。

(8) 浏览器显示所请求的正文信息。

(9) 浏览器取来并显示该页面的所有图像。

从以上原理可以看出,WWW 服务需要传输控制连接以及 DNS 服务的支持。

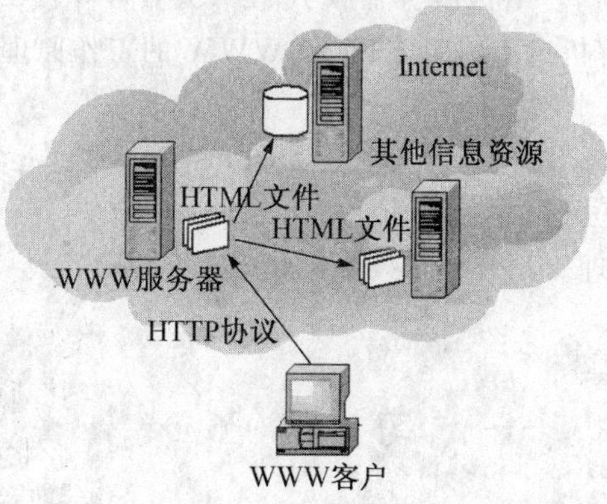

图 6.9 WWW 的工作原理

6.5.4 利用 IIS 建立 WWW 服务的举例

在打开 IIS 之后继续以下操作。

(1) 打开“默认 Web 站点”的属性设置窗口,右击“默认 Web 站点”,选择属性。

(2) 设置“Web 站点”。“IP 地址”一栏选择 Web 服务器的 IP 地址;“TCP 端口”为 80。

(3) 设置“主目录”。在“本地路径”通过“浏览”按钮来选择网页文件所在的目录。例如,D:\Myweb。

(4) 设置“文档”。确保“启用默认文档”一项已选中,再增加需要的默认文档名并相应调整搜索顺序即可。它的作用是,当在浏览器中只输入域名(或 IP 地址)后,系统会自动在“主目录”中按“次序”(由上到下)寻找列表中指定的文件名,如能找到第一个则调用第一个,否则再寻找并调用第二个、第三个……如果“主目录”中没有此列表中的任何一个文件名存在,则显示找不到文件的出错信息。

(5) 其他项目均可不修改,直接按“确定”即可,这时会出现“继承覆盖”等对话框,选择“全选”之后再按“确定”。

(6) 如果需要,可再增加虚拟目录。例如“www.uibe.com/news”,“news”可以是“主目录”的下一级目录(姑且称之为“实际目录”),也可以在其他任何目录下。要在“默认 Web 站点”下建立虚拟目录,右击“默认 Web 站点”,进行“新建”→“虚拟目录”操作。然后在“别名”处输入“news”,在“目录”处选择它的实际路径即可(比如“ E:\NewSweb ”)。

(7) 测试:在服务器或任何一台工作站上打开浏览器,在地址栏输入 Web 服务器的 IP 地址,例如“http://192.168.0.100 ”再回车,如果设置正确,可以直接调出所需要的页面。

说明: 可以建立 Web 服务的软件不少,除了 IIS 以外还有 SUN 等公司的产品。

【本章小结】

本章介绍了OSI的会话、表示和应用层的作用；重点介绍了Internet上使用的应用层提供的服务和相关协议，包括客户机/服务器模式、DNS、WWW、FTP、MAIL等主要内容，特别值得注意的是DNS的解析过程以及FTP和WWW的工作原理。

【本章难点】

(1) 客户机/服务器模式。

(2) WWW的工作原理。

(3) 域名解析的过程。

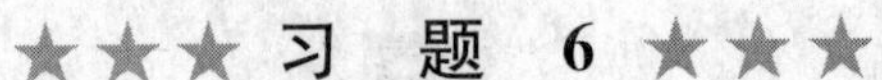

★★★ 习 题 6 ★★★

一、选择题

1. 关于因特网中的电子邮件，以下哪种说法是错误的(　　)。

A. 电子邮件应用程序的主要功能是管理邮件

B. 电子邮件应用程序可以使用SMTP接收邮件、POP3发送邮件

C. 电子邮件由邮件头和邮件体两部分组成

D. 利用电子邮件可以传送多媒体信息

2. 因特网的域名解析需要借助于一组既独立又协作的域名服务器完成，这些域名服务器组成的逻辑结构为(　　)。

A. 总线型　　B. 树型

C. 环型　　D. 星型

3. HTML语言的特点包括(　　)

A. 通用性、简易性、可扩展性、平台无关性

B. 简易性、可靠性、可扩展性、平台无关性

C. 通用性、简易性、真实性、平台无关性

D. 通用性、简易性、可扩展性、安全性

4. 很多FTP服务器都提供匿名FTP服务。如果没有特殊说明，匿名FTP账号为(　　)。

A. anonymous　　B. guest　　C. niming　　D. 匿名

5. 目前，Web服务使用的传输协议是(　　)。

A. TCP　　B. HTTP　　C. UDP　　D. SMTP

6. 解决虚拟终端问题的协议应在(　　)。

A. 传输层或会话层　　B. 应用层

C. 高层协议－表示层　　D. 低层协议－网络层

7. 网关的主要作用是(　　)。

A. 协议之间的转换　　B. 交换数据

C. 接收并放大信号　　D. 对错误进行校验

8. 中国的顶级域名是(　　)。

A. cn　　B. com　　C. ch　　D. net

二、简答题

1. 简答 FTP 的服务内容。

2. 简答 HTTP 协议的作用。

3. 简答 IIS 的作用。

4. 简答为什么在 Internet 上采用客户机/服务器模型。

实验五 学习设置网络服务器

【实验目的】

(1) 学习制作一个简单的网页。

(2) 学习使用 IIS 配置 Web 服务器方法。

【实验内容】

(1) 建立 DNS 解析服务器。

(2) 安装 IIS 配件。

(3) 设置 Web 网站。

【课时】 2/4

【实验要求】

(1) 掌握 IIS 的安装方法。

(2) 掌握 Web 服务器的配置方法。

(3) 掌握 DNS 服务器的建立和配置方法。

【实验条件】

一台装有 Windows Server 2005 操作系统的计算机，并为其配置好 IP 地址：192.168.0.3。

【实验步骤】

在局域网或在互联网上，计算机在网络上通讯时只能识别其 IP 地址，但当打开浏览器，在地址栏中输入例如“www.uibe.edu.cn”后，却能看到所需要的页面，这就是在本章理论部分所介绍的域名解析。所以，如果使用域名，则需要用到“DNS 服务器”的计算机，本实验首先建立 DNS 解析服务，再建立 Web 等服务。

1. 建立域名服务

(1) 添加 DNS 服务

如果在安装 Windows Server 操作系统之后，DNS 服务还没有被添加，按照以下步骤添加服务。

① 打开“控制面板”→“添加/删除程序”→“添加/删除 Windows 组件”，在组件列表中选择“网络服务”，单击“详细信息”，从列表中选取“域名服务系统(DNS)”，单击“确定”。

② 单击“下一步”，通过“浏览”选择 Windows Server 的安装源文件的路径，单击“确定”开始安装 DNS 服务，以下按向导执行即可。

提示：安装服务前准备系统安装盘，版本要与目前系统一致。

(2) 在 DNS 中建立正向搜索区域

① 单击“开始”→“程序”→“管理工具”→“DNS”，打开“DNS”控制台窗口。

② 在“DNS”控制台窗口中，打开“操作”菜单，选择“创建新区域”，弹出“新建区域向导”对话框。

③ 单击“下一步”，弹出“区域类型”对话框，选择“标准主要区域”。

④ 单击“下一步”，弹出“正向或反向搜索区域”对话框。选择“正向搜索区域”单选钮，单击“下一步”，进入区域名称设定。在“名称”中输入“HAPPY. com”，单击“下一步”，进入区域文件命名步骤。默认的命名为“HAPPY. com. dns”，此项不可随意改动，单击“下一步”，单击“完成”。

⑤ 右击“正向搜索区域”建立的“HAPPY. com”，在弹出的菜单中选择“新建主机”，在名称中输入“WWW”，在 IP 地址中输入对应的 WWW 服务器的 IP 地址：192. 168. 0. 3，单击“添加主机”。

可以重复以上(1)～(5)的步骤，再建立其他正向搜索区域，例如“ftp. HAPPY. com”，其对应的 FTP 服务器的 IP 地址也为 192. 168. 0. 3。

2. 添加 IIS 服务

打开“控制面板”，双击“添加/删除程序”，在“添加/删除 Windows 组件”里面添加“Internet 服务(IIS)”。IIS 服务需要的所有文件其中包括 FTP 传输协议和提供 Web 服务的 HTTP 协议。

3. 建立 WWW 服务器

本实验利用 Internet 服务管理器建立 Web 站点。

(1) 单击“开始”→“程序”→“管理工具”→“Internet 服务管理器”，打开“Internet 信息服务”管理窗口，窗口显示计算机上已经安装好的 Internet 服务，而且都已经自动启动运行，其中 Web 站点为“默认 Web 站点”。

(2) 打开“默认 Web 站点”的属性设置窗口，单击“默认 Web 站点”，右击“属性”。

(3) 在“Web 站点说明”文本框中输入说明文字“HAPPY”。

(4) 设置“Web 站点”：“IP 地址”选“192. 168. 0. 3”，“TCP 端口”为 80。

(5) 设置“主目录”：在“本地路径”通过“浏览”按钮来选择你的网页文件所在的目录，例如，D:\Myweb。

(6) 在“Web 站点访问权限”项下，默认已选中“读取”与“运行脚本”复选框。禁用“写入”复选框，不给访问者修改权限。

(7) 设置“文档”，其作用是，当在浏览器中只输入域名(或 IP 地址)后，系统会自动在“主目录”中按“次序”(由上到下)寻找列表中指定的文件名，如能找到第一个则调用第一个；否则再寻找并调用第二个、第三个……如果“主目录”中没有此列表中的任何一个文件名存在，则显示找不到文件的出错信息。

(8) 其他项目均可不用修改，直接“确定”即可。这时会出现一些“继承覆盖”等对话框，一般选“全选”之后再“确定”即最终完成“默认 Web 站点”的属性设置。

(9) 如果需要，可再增加虚拟目录：比如“www. HAPPY. com/news”这样的地址，“news”可以是“主目录”的下一级目录(被称之为“实际目录”)，也可以在其他任何目录下，即所谓的“虚拟目录”。

(10) 要在“默认 Web 站点”下建立虚拟目录，选择“默认 Web 站点”，右击“新建”选择“虚拟目录”，在“别名”处输入“news”，在“目录”处选择它的实际路径即可(比如“D:\news”)。

(11) 测试。在其他计算机或本机上打开浏览器，在地址栏输入“http://www.HAPPY.com”并回车，如果设置正确，应可以直接访问你需要的页面。

在添加过 Internet 服务以后，“控制面板”中就会出现“管理工具”选项。双击“管理工具”选择“Internet 服务器管理”。

4. 建立 FTP 服务器

(1) 右击“默认 FTP 站点”，选择“属性”，进行 FTP 站点的设置。

① FTP 站点的 IP 地址，本实验选择 192.168.0.3。

② FTP 服务的端口号，默认为 21。

(2) 建立 FTP 站点，设置 FTP 标识说明，连接设置和设置启用日志记录等功能。

(3) 设置安全账号，用于账号的设置。

(4) 设置消息，在这里可以设置用户访问本服务器时所显示的消息。

(5) 设置 FTP 主目录，设置用户访问本 FTP 站点时所访问的主目录路径。

① 在 IIS 管理器中，展开本地计算机，展开“FTP 站点”文件夹，右击要更改主目录的 FTP 站点，然后单击“停止”。

② 再次右击该 FTP 站点，然后单击“属性”。

③ 单击“主目录”选项卡。

④ 在“此资源的内容来源”下，单击主目录的位置。

⑤ 单击“应用”与“确定”。

⑥ 右击被停止的 FTP 站点，单击“启动”。

可选：将 FTP 站点的内容从原始主目录移动或复制到新的主目录中。

(6) 目录安全性，设置访问本 FTP 服务器用户 IP 访问限制的授权列表。

到此为止，完成了 FTP 服务器设置。

5. 检验

在一台计算机上的浏览器地址栏中输入 IP 地址，或将你自己的 IP 地址给你的朋友，然后让他来访问你的机器，下载所需的东西。

【问题与思考】

(1) 如何在 IIS 中建立 FTP 服务器?

(2) BBS 是什么类型的站点?

(3) 如果一台服务器提供 3 个不同 WWW 服务，如何设置?

第 7 章　网络安全基础知识

网络的应用已经深入到我们学习、生活的各个角落，但随之而来的也有病毒等安全问题。本章主要介绍帮助提高网络安全、数据资源安全的技术，包括密码技术、防火墙技术和入侵检测技术等。

【本章主要内容】

- 密码技术。
- 数字签名。
- 防火墙技术。
- 入侵检测技术。
- 数据备份。

7.1　计算机网络安全基础

互联网技术在给人类的工作、生活带来乐趣和方便的同时，也不可避免地产生一些技术上的负面效应。由于病毒和黑客的攻击越来越表现出其危害性，计算机和网络的安全性受到广泛关注。防范计算机病毒和网络攻击的危害，是国家、社会、组织和个人必须重视的问题。

7.1.1　黑客攻击案例

【案例 1】　网上银行似乎成了黑客关注的焦点①。

2004 年 6 月初，有人盗用某网上银行网管员信箱，假借“网络银行系统升级”的名义，给网上银行客户发送电子邮件，索要网上银行注册客户的用户名(登录卡号)和密码。该行已经在自己官方网站的显著位置刊发了“重要提示”，对其网上银行客户预警。巧合的是，几乎是在同时，在全球范围内，1200 多家欧洲和美国的银行和保险公司称，其客户密码和信用卡号码等重要信息有可能已经被黑客窃取，6 月 4 日发作的“怪物”病毒变种，已经开始在因特网上呈现出蔓延势头，波及 100 多个国家。据反病毒专家称，这种“怪物”病毒会不断变换形式，并能对付反病毒或防火墙软件。更值得警惕的是，这种病毒会在受到感染的电脑中安装

① 《计算机世界》2005 - 03 - 30 电讯。

“木马”程序，使黑客能将银行用户的信用卡号和密码秘密传送至某一特定邮箱地址，从而达到非法窃取他人资金的目的。

本案例暴露出的问题是计算机网络病毒升级速度和蔓延速度远远超出人们的预料，因此产生的窃取等行为直接危害个人、企业的安全。

【案例2】 湖北教育网站连续受到黑客攻击①。

2002年7月25日上午，警方接到报案，湖北教育网站连续受到黑客攻击，致使全省28万考生无法及时查询高考成绩。警方发现，黑客上网的IP地址属湖北监利大市场一门店阁楼上的一部电脑及上网设备，发现该电脑装有多种黑客软件，经对该机硬盘的数据解读和对黑客软件的成果记录判读，7月24日，该台计算机登录扫描过省教育网的服务器，省教育网被攻击记录显示与该台计算机使用软件的时间及IP地址相吻合。在事实面前，21岁的荆州某高校计算机大三学生小彭不得不承认，因心理不平衡，于7月23日、24日两天攻击省教育网站。

【案例3】 重庆永川市电信局“永川热线”网站突遭袭击。

2000年7月23日17时48分，重庆永川市电信局“永川热线”网站突遭“袭击”；24日，“黑客”再次袭击，“永川热线”不堪重负，整个网络陷入瘫痪。据统计，在连续四天时间里，“永川热线”先后五次遭“黑客”数据“炸弹”的狂轰滥炸，网站服务器数据被大量破坏，累计中断服务23小时，直接经济损失上万元。重庆市公安局科技通信处侦查人员很快查到了“黑客”用来攻击的电话号码，并查此电话属于上海东石软件公司。据该公司介绍，公司的软件程序员张勇23～26日，一直在上网。

事后调查表明：以上2个案例都是由于电信局工作失误，至少是网络安全意识的淡薄导致了黑客的入侵或破坏，假如电信部门在网络链路上主动添加防护设备（例如入侵检测系统）还是有可能避免事故或事件发生的。

【案例4】 美国黑客侵入军方电脑系统，可控制导弹发射②。

据凤凰卫视消息，美国洛杉矶检察院2005年11月8日起诉了一位20岁的电脑黑客詹姆斯·安契塔，他成功进入了美国海军航空中心的电脑系统，通过对这些电脑的监控，甚至可以控制军用导弹的发射。据报道，这名洛杉矶的年轻人被指控犯有让40万台电脑中病毒，其中包括属于美国国防部设在加州海军航空中心的电脑系统。安契塔涉嫌以恶意软体植入成千上万的电脑系统中，让它们变成电脑僵尸病毒，然后使用这些病毒对电脑伺服器发动毁灭性攻击，或发送大量垃圾电子邮件。检察官形容，他的一个电脑指令就能使成千上万的电脑受他控制。

由此例可见，网络安全问题在军事上尤显突出，直接危害到世界的安全和国际关系的稳定。

从以上四个案例可以得出以下结论：

技术给工作、生活带来了乐趣和方便，但是不能避免技术的负面影响，计算机和网络越来越不安全，病毒和黑客的攻击的危害越来越大。如何防范计算机病毒和网络攻击的危害，

① http://www.infosec.org.cn。

② 引自中新网，阅读时间2005-11-09。

是国家、社会、组织和个人必须重视的问题。本章从技术的角度出发介绍一些安全技术。

7.1.2 互联网的安全状况及问题

2007 年 7 月 18 日，中国互联网络信息中心(CNNIC)发布的“第十九次中国互联网络发展状况统计报告”中指出，截至 2007 年 6 月，中国网民人数已经达到 1.62 亿，仅次于美国 2.11 亿的网民规模，位居世界第二。表 7.1 给出了我国网络使用率情况，表 7.2 则给出了网民对安全性的满意度情况。

表 7.1 中国网络使用率①

	使用率		使用率
信息渠道		**生活助手**	
网络新闻	77.3%	网络求职	15.2%
搜索引擎	74.8%	网络教育	24.0%
写博客	19.1%	网络购物	25.5%
交流工具		网络销售	4.3%
即时通信	69.8%	网上旅行预订	3.9%
电子邮件	55.4%	网上银行	20.9%
娱乐工具		网上炒股	14.1%
网络音乐	68.5%		
网络影视	61.1%		
网络游戏	47.0%		

表 7.2 中国互联网各方面满意度得分②

评价项目	满意度得分	评价项目	满意度得分
内容的丰富性	4.07	内容的健康性	3.26
网络速度	3.36	安全性	3.01
内容的真实性	3.43	资费标准	2.86
总体满意度	3.65		

注：设定 5 分是满分，为最满意；1 分是最低分，为最不满意。表中分数为平均得分。

从公众调查来看，网民对互联网最反感的两大方面是网络病毒和网络攻击，连续几次调查显现出十分稳定、一致的结果，网络安全问题已经成为信息化社会的一个焦点问题。网络

①② 引自中国互联网络信息中心“第十九次中国互联网络发展状况统计报告”表 5.1

病毒和网络攻击已经成为互联网亟待解决的问题。而从国家利益来看,每个国家都需要立足于本国,研究自己的网络安全技术,培养自己的专门人才,发展自己的网络安全产业,进一步构筑本国的网络与信息安全防范体系。当前十分严峻的网络安全问题存在于以下几个方面。

(1) 防火墙:对于内部人员不起作用,特别是存在“内奸”作案的可能,需要加强内部防控机制。

(2) 身份认证、数字签名:都是权宜之计,真正的黑客是难以防住的,这样的防范措施存在安全隐患。

(3) 安全数据库:是网络安全的基础防线,但漏洞仍然不少。

(4) 入侵产品检测:入侵行为数据库大部分抄袭或拷贝的数据,难以阻止真正黑客的实质性侵入和破坏。应该说,抵挡网络黑客的恶意入侵攻击,特别是带有恐怖袭击性质的“恶意入侵”,我们还准备不足。

(5) 异地数据备份:既准备不够也缺少应急方案。

(6) 电子商务:依赖于安全产品和技术的全力支撑和稳定性保障。

发展地看问题,中国信息安全需要走的路还很远。

7.1.3 了解网络安全的定义及其内涵

1. 计算机网络安全的定义

计算机网络安全是指计算机网络系统资源和信息资源不受自然和人为有害因素的威胁和危害。具体地说,就是使计算机、网络通信的硬件和软件以及通信中的数据受到保护,不因偶然的或者恶意的原因而遭破坏、更改、泄露,确保系统连续可靠正常地运行,使网络服务不被中断。

2. 网络安全问题日趋严重和复杂

在短短十年多的时间里,互联网发展速度非常快,与此同时,系统安全漏洞也频繁出现,网络蠕虫、黑客攻击等事件时有发生,网络安全问题日渐突出。在遭受攻击的计算机系统中,不仅包括普通用户主机,还包括政府、科研、金融、社会保障等重要部门的系统,使国家利益、公共利益和社会公众的合法权益受到很大威胁。如何保证网络的安全运行,已成为国家、社会关注的焦点之一,甚至将成为互联网和网络应用发展中面临的永久问题。

(1) 各种网络安全漏洞的大量存在和不断发现,是网络安全的最大隐患。

(2) 漏洞公布到利用相应漏洞的攻击代码出现的时间已经缩短到几天甚至一天时间,这使开发相关补丁、安装补丁以及采取防范措施的时间压力大大增加。

(3) 网络攻击行为日趋复杂,各种方法的相互融合使网络安全防御更加困难,防火墙、入侵检测系统等网络安全设备已不足以完全阻挡网络安全攻击。

(4) 黑客攻击行为的组织性增强,攻击目标从单纯地追求“荣耀感”向获取多方面实际利益的方向转移,网上木马、间谍程序、恶意网站、网络仿冒、僵尸网络等的出现和日趋泛滥,是这一趋势的实证。

(5) 手机、掌上电脑等无线终端的处理能力和功能通用性能的提高,使其日趋接近个人计算机，针对这些无线终端的网络攻击已经开始出现，并将进一步发展。

总之，网络安全问题变得更加错综复杂，影响将不断扩大，很难在短期内得到全面解决。

3. 国内外应对网络安全的法规和国际合作

应对计算机网络的安全问题，除了必要和有效的技术手段外，还必须建立完善的法律和法规，加大打击网络犯罪的力度。

(1) 国外网络安全法规

以下将分别介绍。

① 美国TCSEC(橘皮书)：该标准是美国国防部制定的，它将安全分为4个方面，即安全政策、可说明性、安全保障和文档。这4个方面又分为7个安全级别，从低到高依次为D、C1、C2、B1、B2、B3和A级。上述内容在美国国防部虹系列(Rainbow Series)标准中有详细的描述。

② 美国联邦准则(FC)：该标准参照了CTCPEC及TCSEC，其目的是提供TCSEC的升级版本，同时保护已有投资。但FC有很多缺陷，是一个过渡标准，后来结合ITSEC发展为联合公共准则。

③ 联合公共准则(CC)：CC的目的是想把已有的安全准则结合成一个统一的标准。该计划从1993年开始执行，1996年推出第一版，但目前仍未付诸实施。CC结合了FC及ITSEC的主要特征，强调将安全的功能与保障分离，并将功能需求分为9类63族，将保障分为7类29族。

④ 欧洲ITSEC：与TCSEC不同，它并不把保密措施直接与计算机功能相联系，而是只叙述技术安全的要求，把保密作为安全增强功能。它与TCSEC的不同还在于，TCSEC把保密作为安全的重点，而ITSEC则把完整性、可用性与保密性作为同等重要的因素。ITSEC定义了从E0级(不满足品质)到E6级(形式化验证)的7个安全等级，对于每个系统，安全功能均可分别定义。ITSEC预定义了10种功能，其中前5种与橘皮书中的C1～B3级非常相似。

⑤ 加拿大CTCPEC：该标准将安全需求分为4个层次，分别是机密性、完整性、可靠性和可说明性。

⑥ ISO安全体系结构标准：在安全体系结构方面，ISO制定了国际标准ISO7498－2－1989《信息处理系统开放系统互联基本参考模型第2部分安全体系结构》。该标准为开放系统互联(OSI)描述了基本参考模型，为协调开发现有的与未来的系统互联标准建立起了一个框架。其任务是提供安全服务与有关机制的一般描述，确定在参考模型内部可以提供这些服务与机制的位置。

(2) 中国的法规

1997年12月11日经国务院批准，公安部于1997年12月30日发布了《计算机信息网络国际联网安全保护管理办法》。2000年3月30日，公安部部长办公会议通过《计算机病毒防治管理办法》，并发布施行。

(3) 国际合作的法规

目前计算机网络犯罪有国际化的趋势，国际电脑犯罪分子利用不同国家法律系统间的差异伺机犯罪。

英国全党派国会网络团体的秘书长帕默表示，解决这一问题的方法是建立一个联合国机构①。帕默在伦敦举行的 Webroot 间谍件峰会上发言时说，一个联合国的机构可以向 ISP 施加压力，要求它们断开托管有恶意 Web 网站的服务器。比如，联合国需要有一个机构要求 ISP 不要连接来自哥伦比亚或圭亚那的托管儿童色情材料的服务器。帕默表示，需要向对电脑犯罪分子宽容的国家施加压力，要使打击电脑犯罪分子符合所有国家的利益——让电脑犯罪分子清楚地知道，如果实施犯罪活动，他们的互联网连接就会被切断。

美国国家高科技犯罪小组的协调员霍华德表示，如果犯罪分子参与了复杂的国际网络犯罪活动，要搜集证据是相当困难的。他说，司法权限是异常复杂的。

英国、加拿大、澳大利亚、美国的警察机构已经在打击网络变童案等方面展开合作。

7.1.4 计算机系统出现安全隐患的原因

1. 计算机操作系统存在的脆弱性

(1) 不论是 Miscrosoft 的操作系统，还是开放代码的 Linux 系统，都在设计上存在漏洞，靠打补丁的方式会带来更多的威胁。

(2) 操作系统本身的缺陷在于程序可以动态连接，I/O 的驱动程序与系统服务都可以通过打补丁的形式进行动态连接。

(3) 系统支持在网络上传输文件、加载与安装程序，其中包括可执行文件。

(4) 操作系统可以创建进程，甚至可以在网络节点上进行进程的创建和激活。所谓的"服务器"软件可以安装在某计算机上，被非法用户远程调用，而与此对应的安全验证功能则有限。

(5) 系统本身守护程序的问题，例如 FTP 服务中有一个连接就是利用守护程序等待建立文件传输连接的请求，常被黑客利用攻击计算机。

(6) 操作系统提供远程过程调用，但安全验证功能有限。

(7) 操作系统提供基于远程过程调用文件服务系统 NFS，如果出现问题，等于丧失系统管理权。

(8) 操作系统的 DEBUG(调试)和 WIZARD 功能。

(9) 操作系统提供的无口令入口也常常被用来攻击计算机。

(10) 操作系统隐藏的端口，本来是为方便用户的，却被非法用户当成攻击计算机的手段。

2. 网络协议的脆弱性

网络协议开放性的根本原因是协议的开放性，因为要实现不同计算机系统或不同网络设备之间的互联要求，网络协议必须是开放的。开放的协议脆弱性表现在：

(1) 域名服务系统的弱点。

---

① 来自 CNET 科技资讯网 2005-10-24。

(2) 容易受攻击的 CGI 程序和服务器端应用程序扩展,主要是在 WWW 服务。

(3) 远程进程调用(RPC)。

(4) 微软的 IIS 安全漏洞。

(5) SMTP 邮件服务的缓存溢出漏洞。

(6) NFS 以及端口的漏洞。

(7) IMAP、POP 邮件服务器缓存溢出漏洞和错误的配置。

类似因网络协议本身的问题导致的漏洞还有很多,此处不再一一列举。可以说,几乎在 TCP/IP 协议的每个部分都存在漏洞。

7.1.5 网络面临威胁的分类

1. 天灾

天灾是指自然界的灾害,是不可控制的,例如地震、雷击、洪水。

2. 人为威胁

人为的威胁有两类,一类是非恶意的,是人们无意中造成的破坏;另一类是恶意的,如入侵计算机网络而造成的危害。恶意的破坏大概分为以下四种。

(1) 中断

中断指系统运行突然被人为中断,造成计算机网络资源损害乃至不能使用,暂停数据传输或信息服务。

(2) 窃取

窃取指故意以某种非法手段盗窃账号、密码,非法获得数据库信息或网络服务。

(3) 更改

更改指以某种非法手段盗窃账号、密码,非法对网络资源进行篡改。

(4) 伪造

伪造指以某种非法手段,制造假的账户、数据资源,以骗取好处。

3. 系统自身原因

系统自身的原因有:硬件故障的原因,软件存在后门和漏洞等。

7.2 安全防范技术与实现

7.2.1 密码技术

密码学是一门古老、深奥的学科。计算机密码学是研究计算机信息加密、解密及其变换的学科,是数学和计算机的交叉学科,也是一门实用的学科。在计算机通讯中,采用密码技术将信息隐蔽起来,再将隐蔽后的信息传输出去,使信息在传输过程中即使被窃取或截获,窃取者也不能了解信息的内容,从而保证信息传输的安全。

通讯的双方约定一种方法,用特定的符号按照通讯双方约定的方法把电文的原形隐蔽起来,不为第三者所识别的通讯方式称为密码通讯。

1. 密码学术语

(1) 密钥

密钥是实现秘密通讯的主要手段,是隐蔽语言、文字、图像的特种符号,密码也被称做密钥。

(2) 明文

明文是没有被加密的报文。

(3) 密文

密文是被加密后的报文。

(4) 加密算法

加密算法是将明文变成密文的计算方法;解密算法是反向的运算解密的算法。

(5) 加密码

加密码是含有一个参数 k 的数学变换,即 $C=E_k(P)$。

图 7.1 为一般的加密模型。

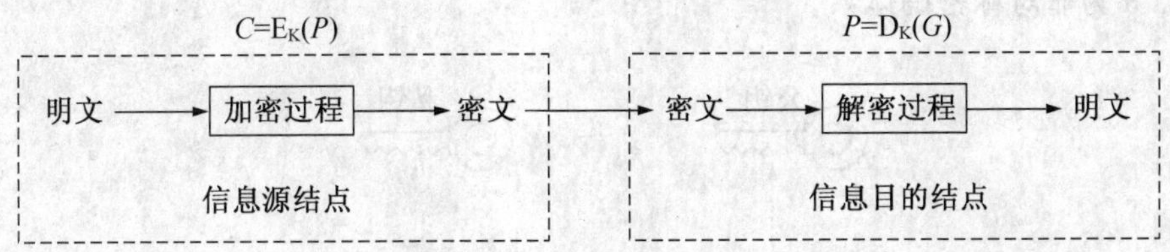

图 7.1 加密的一般模型

2. 对称密码体制

对称密码体制也被称为单钥密码算法。

对称密码算法是指加密密钥和解密密钥为同一密钥的密码算法。因此,信息发送者和信息接收者在进行信息的传输与处理时,必须共同持有该密钥,被称为对称密钥。图 7.2 所示为对称密码体系。

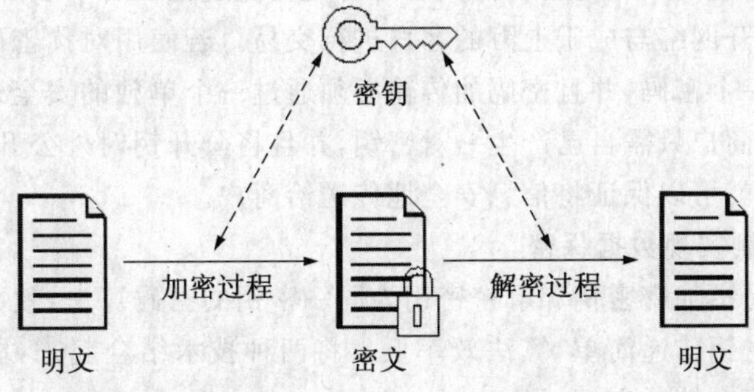

图 7.2 对称密码体系

通常使用的加密算法比较简便高效，密钥简短，破译极其困难。由于系统的保密性主要取决于密钥的安全性，所以在公开的计算机网络上安全地传送和保管密钥是一个重要环节。

3. 非对称密码体制

非对称密码体制又被称为双钥密码算法或公钥密码算法，是指加密密钥和解密密钥为两个不同密钥的密码算法。公钥密码算法使用一对密钥，一个用于加密信息，另一个用于解密信息。加密密钥不同于解密密钥，通信双方无需事先交换密钥就可进行保密通信。其特点如下。

(1) 加密密钥被公之于众。

(2) 只有解密人知道解密密钥。

(3) 两个密钥之间存在着相互依存关系，用其中任何一个密钥加密过的信息只能用另一个密钥进行解密。

(4) 若以公钥作为加密密钥，以用户专用密钥(私钥)作为解密密钥，则可实现多个用户加密的信息只能由一个用户解读，可用于数字加密。

(5) 以用户私钥作为加密密钥而以公钥作为解密密钥，则可实现由一个用户加密的信息能被多个用户解读。可用于数字签名。

图 7.3 为非对称密码体系。

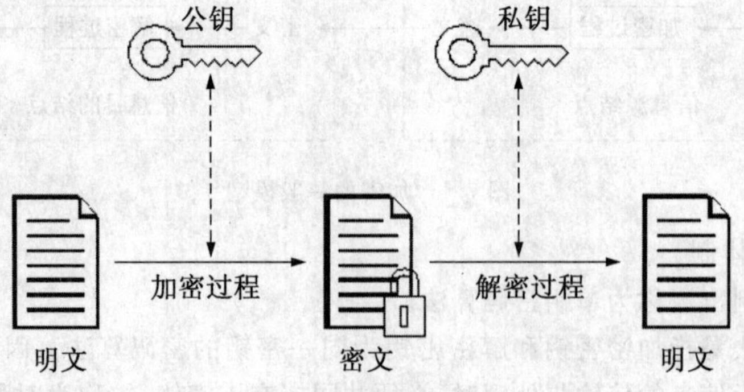

图 7.3　非对称密码体系

公钥密码体制体现出了对称密钥体制不可替代的优越性。对于参加电子商务交易的用户来说，希望通过公开网络与成千上万的客户进行交易。若使用对称密码，则每个客户都需要由商户直接分配一个密码，并且密码的传输必须通过一个单独的安全通道。相反，在公钥密码算法中，同一个商户只需自己产生一对密钥，并且将公开钥对外公开。客户只需用商户的公开钥加密信息，就可以保证将信息安全地传送给商户。

4. 利用密码体制实现数据保密

对称密码算法是指加密密钥和解密密钥为同一密钥的密码算法，效率高，但密钥不易传递。公钥密码算法密钥传递简单，算法效率低。将两种技术结合起来，取长补短，可以保证信息在传递过程的安全性。

图7.4所示为信息的安全传递体制,注意图中(1)～(5)的说明。

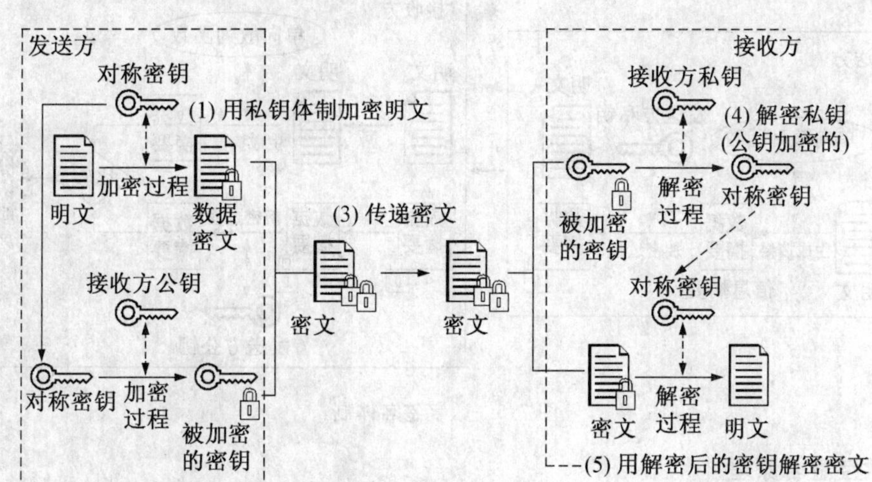

图7.4　信息的安全传递体制

7.2.2　数字签名技术

1. 数字签名定义

数字签名是通过一个单向函数(不可逆算法)对要传送信息进行处理得到的,被用于认证信息来源并核实信息是否发生变化的一个字母数字串。

(1) Hash函数

Hash函数是单向散列函数,不属于强计算密集型算法,应用较广泛。使用它所生成的签名被称为Hash签名的密钥。这种密钥较容易被攻破,存在伪造签名的可能。

(2) DSS和RSA签名

DSS(Defense Security Service)和RSA(Rivest Shamir Adleman)采用了公钥算法,不存在Hash的局限性。

RSA是最流行的一种加密标准,许多产品的内核中都有RSA的软件和类库。早在Web飞速发展之前,RSA数据安全公司就负责数字签名软件与Macintosh操作系统的集成,在Apple的协作软件PowerTalk上增加了签名拖放功能,用户只要把需要加密的数据拖到相应的图标上,就完成了电子形式的数字签名。RSA既可以用来加密数据,也可以用于身份认证。

与Hash签名相比,在公钥系统中,由于生成签名的密钥只存储于用户的计算机中,其安全系数大一些。图7.5为使用Hash函数的数字签名方式。

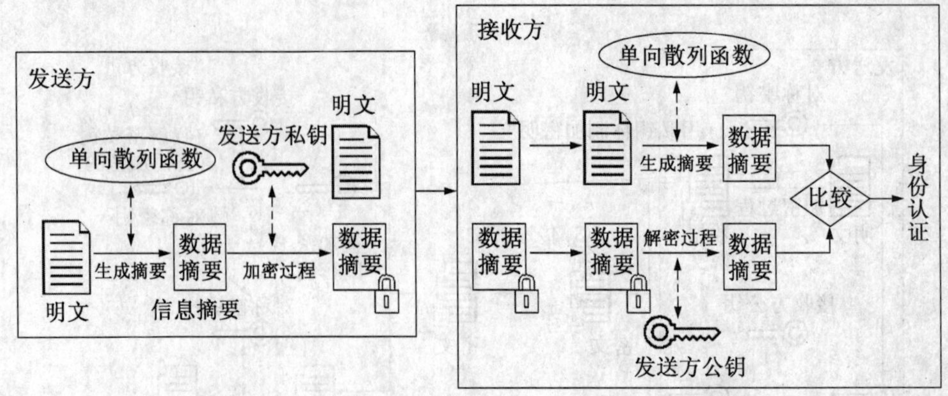

图 7.5 数字签名体制

2. 数字签名原理

数字签名在电子商务活动中十分重要，是利用密码技术的典型应用。其主要用途是：

(1) 利用算法生成明文的摘要。

(2) 加密生成的摘要。

(3) 将明文和加密的摘要发送给对方。

(4) 用收到的明文生成新的摘要。

(5) 解密收到的摘要。

(6) 比较两个摘要，若比较结果相同，则认为身份确认，否则不确认身份。

7.2.3 防火墙技术

1. 防火墙的定义

防火墙(Fire Wall)是利用一个或一组网络设备(计算机系统或路由器等)以及网络软件，在两个或多个网络间加强访问控制，目的是保护网络不受来自另一个网络的攻击。可以这样理解，防火墙相当于在网络周围挖了一条护城河，在唯一的桥上设立关口，进出的行人和车辆都要接受安全检查。网络防火墙也可以被比喻成国际机场的安全检查和海关，在得到允许进出一个国家前，必须通过一系列的检查。

在网络防火墙中，每个数据包在得到许可继续传输前都必须通过这些关口的检查，合法的数据被允许通过，不合法的被隔离在外或被过滤掉。

防火墙的组成包括数据包过滤器和安全策略。

防火墙可以是简单的过滤器，也可能是精心配置的网关，但它们的原理是一样的，都是检测并过滤所有内部网和外部网之间的信息交换，防火墙保护内部网络有用数据不被偷窃和破坏，并记录内外通讯的有关状态信息日志，例如通讯发生的时间和进行的操作等。

必须记住一点：防火墙不是万能的，防火墙管理人员的作用比防火墙本身更重要。

2. 防火墙的主要类型

(1) 分组或包过滤路由器

路由器按照系统内部设置的分组过滤规则,检查每个分组的源 IP 地址、目的 IP 地址,决定该分组是否应该转发。包过滤规则一般是根据包的头部或全部内容做决定的。图 7.6 所示为包过滤路由器。

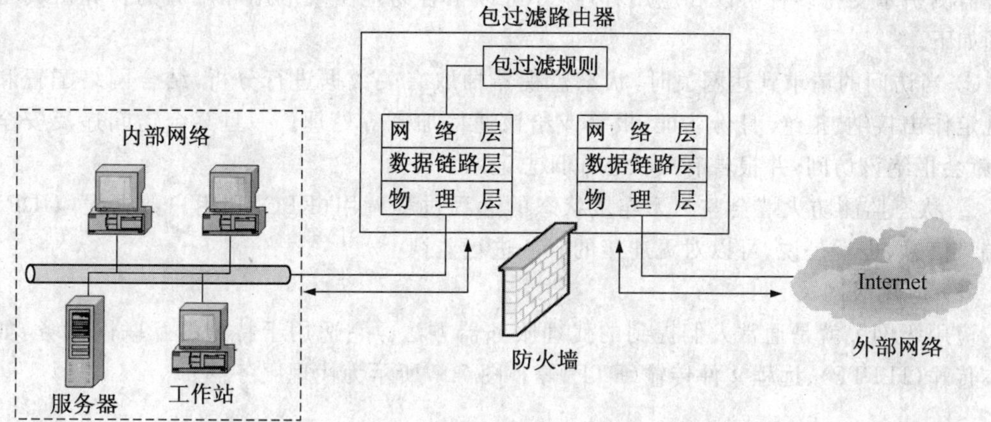

图 7.6 包过滤路由器

【例 7-1】 假设网络安全策略规定如下。

- 内部网络的 E-mail 服务器(IP 地址为 192.168.116.20,TCP 端口号为 25)可以接收来自外部网络用户的所有电子邮件。
- 允许内部网络用户传送电子邮件到外部电子邮件服务器。
- 拒绝所有与外部网络中名字为 TESTHOST 主机的连接。

据此可以建立包过滤表(见表 7.3),保证假设的规则准确实施。

表 7.3 包过滤表

规则过滤号	方向	动作	源主机地址	源端口号	目的主机地址	目的端口号	协议	描 述
1	进入	阻塞	TESTHOST	*	*	*	*	阻塞来自 TESTHOST 的所有数据包
2	输出	阻塞	*	*	TESHOST	*	*	阻塞所有到 TESTHOST 的数据包
3	进入	允许	*	>1023	192.168.116.20	25	TCP	允许外部用户传送到内部网络电子邮件服务器的数据包
4	输出	允许	192.168.116.20	25	*	>1023	TCP	允许内部邮件服务器传送到外部网络的电子邮件数据包

(2) 状态监测防火墙

这种防火墙具有非常好的安全特性,使用一个在网关上执行网络安全策略的软件模块,称为监测引擎。

监测引擎在不影响网络正常运行的前提下,采用抽取有关数据的方法对网络通信的各层实施监测。其工作原理是抽取状态信息,并将其动态地保存起来作为以后执行安全策略的参考。

监测引擎支持多种协议和应用程序,并可以很容易地实现应用和服务的扩充。其工作原理如下。

① 当访问的请求到达网关时,状态监视器抽取有关数据进行分析,结合网络配置和安全规定作出接纳、拒绝、身份认证、报警或给该通信加密等处理。一旦某个访问违反安全规定,就会拒绝该访问,并报告有关状态作日志记录。

② 状态监测防火墙会监测无连接状态的远程过程调用(RPC)和用户数据报(UDP)等的端口信息,也就是说,可以对无连接的服务进行监视。

(3) 应用级网关

应用级网关就是通常人们提到的代理服务器方法。它适用于特定的互联网服务,如超文本传输(HTTP)、远程文件传输(FTP)等。图 7.7 所示为代理服务器。

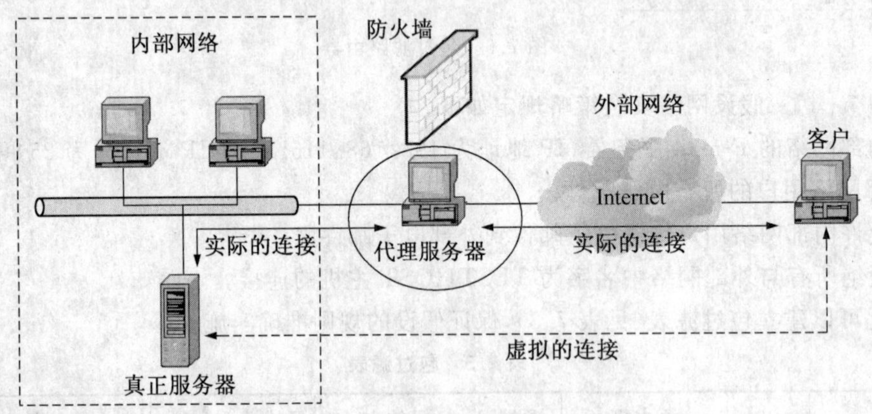

图 7.7 代理服务器

代理服务器的工作原理如下。

① 当代理服务器接收到对某站点计算机访问请求后,检查该请求是否符合规定,如果规则允许访问该站点,代理服务器到那个站点取回所需信息再转发给发出请求的客户。

② 代理服务器通常拥有一个高速缓存,被用于保存用户经常访问站点内容,在下一个用户要访问同一站点时,服务器不用重复地获取相同的内容,而是直接将缓存内容发出,节约时间和网络资源。

③ 代理服务器就像一面墙一样把内部用户和外界隔离开,从外部只能看到该代理服务器而无法获知内部资源信息,例如用户 IP 地址等。

④ 应用级网关比单一的包过滤更为可靠,而且它会比较详细地记录所有的访问状态。

3. 防火墙组建

(1) 双宿主机网关(Dual Homed Gateway)

这种配置是用一台装有两个网络适配器的双宿主机做防火墙。由于双宿主机用两个网络适配器(网卡)分别连接两个网络,也被称之为堡垒主机。在堡垒主机上运行防火墙软件(通常是代理服务器),即可提供代理服务,见图 7.8。

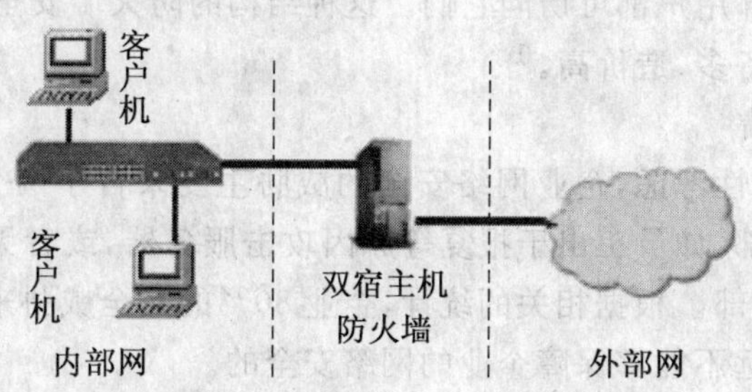

图 7.8　双宿主主机防火墙

(2) 宿主主机+路由器防火墙

宿主主机+路由器防火墙的结构如图 7.9 所示。

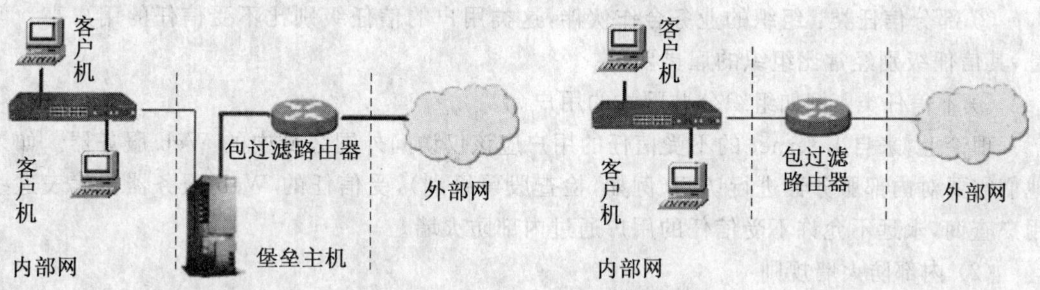

图 7.9　宿主主机+路由器防火墙

(3) 屏蔽子网防火墙(Screened Subnet)

这种方法是在企业、学校的网络(也称 Intranet)和 Internet 之间建立一个被隔离的子网,用两个包过滤路由器将这个子网分别与 Intranet 和 Internet 分开。两个包过滤路由器放在子网的两端,在子网内构成一个"缓冲地带",参见图 7.10。这两个路由器一个控制 Intranet 数据流,另一个控制 Internet 数据流。Intranet 和 Internet 均可访问屏蔽子网,但禁止它们穿过屏蔽子网通信。

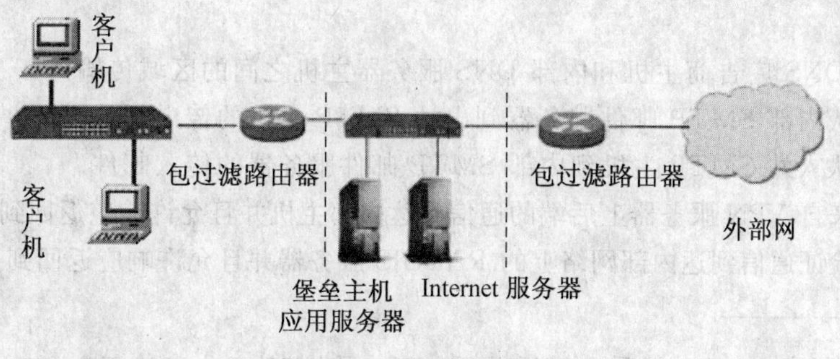

图 7.10　屏蔽子网防火墙

由图可见，在屏蔽子网中安装堡垒主机，可为内部网络和外部网络的互相访问提供代理服务，但是来自两个网络的访问都必须通过两个包过滤路由器的检查。对于向 Internet 公开的服务器，例如 WWW、FTP、MAIL 等 Internet 服务器都可以安装在屏蔽子网内，这样无论是外部用户，还是内部用户都可访问它们。这种结构的防火墙安全性能高，具有很强的抗攻击能力，但需要的设备多、造价高。①

4. 企业内部防火墙

从企业网络的安全性考虑，企业网络安全的威胁主要来自于两个方面。一是来自于企业外部，二是来自于内部，如员工出于报复等原因攻击服务器，或者无意中把病毒通过 U 盘等移动设备带到企业内部。根据相关的统计，企业 80％的安全威胁来自于企业内部的行为。只靠一个防火墙，是远远不能够保障企业的网络安全的。

(1) 内部防火墙作用

用于控制对内部网络的访问以及从内部网络进行访问。用户类型可能包括：

① 可信任类：如组织的雇员，也可以是要到外围区域或 Internet 的内部用户、外部用户（如分支办事处工作人员）、远程用户或在家中办公的用户。

② 部分信任类：组织的业务合作伙伴，这类用户的信任级别比不受信任的用户高。但是，其信任级别经常比组织的雇员要低。

③ 不信任类：例如组织公共网站的用户。

理论上，来自 Internet 的不受信任的用户应该仅访问外围区域中的 Web 服务器。如果他们需要对内部服务器进行访问（例如，检查股票级别），受信任的 Web 服务器会代表这些用户查询，永远不允许不受信任的用户通过内部防火墙。

(2) 内部防火墙规则

默认情况下，阻止或允许以下所有数据包。

① 在外围接口上，阻止看起来好像来自内部 IP 地址的传入数据包，以防止欺骗。

② 在内部接口上，阻止看起来好像来自外部 IP 地址的传出数据包，以限制内部攻击。

③ 允许从内部 DNS 服务器到 DNS 解析程序主机的基于 UDP 的查询和响应。

④ 允许从 DNS 解析程序主机到内部 DNS 服务器的基于 UDP 的查询和响应。

⑤ 允许从内部 DNS 服务器到 DNS 解析程序主机的基于 TCP 的查询，包括对这些查询的响应。

⑥ 允许从 DNS 解析程序主机到内部 DNS 服务器的基于 TCP 的查询，包括对这些查询的响应。

⑦ 允许 DNS 广告商主机和内部 DNS 服务器主机之间的区域传输。

⑧ 允许从内部 SMTP 邮件服务器到出站 SMTP 主机的传出邮件。

⑨ 允许从入站 SMTP 主机到内部 SMTP 邮件服务器的传入邮件。

⑩ 允许来自 VPN 服务器上后端的通信到达内部主机并且允许响应返回到 VPN 服务器。

⑪ 允许验证通信到达内部网络上的 RADUIS 服务器并且允许响应返回到 VPN 服务器。

---

① 罗文生“构建 cisco 防火墙系统的三种配置方案”中国电脑教育报，2003 年。

⑫ 来自内部客户端的所有出站 Web 访问均要通过代理服务器,并且响应将返回客户端等。

图 7.11 所示为内部防火墙结构。

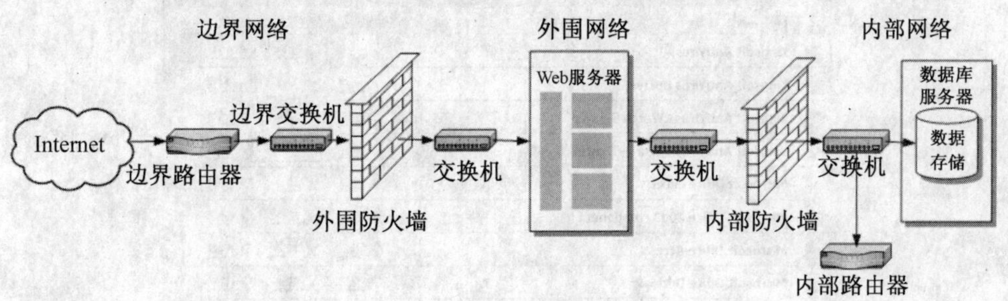

图 7.11 企业防火墙

5. 防火墙的局限性

尽管利用防火墙可以保护安全网免受外部黑客的攻击,但其目的只是提高网络的安全性,不可能保证网络的绝对安全。事实上仍然存在着一些防火墙不能防范的安全威胁,如防火墙不能防范不经过防火墙的攻击。例如,如果允许从受保护的网络内部向外拨号,一些用户就可能形成与 Internet 的直接连接。另外,防火墙很难防范来自于网络内部的攻击以及病毒的威胁。

6. 防火墙使用举例

为了进一步了解防火墙的作用,下面以一个软件防火墙——金山毒霸网镖为例,讲解如何设置安全参数。

(1) 应用目的

这个设置主要是禁止一些软件访问互联网。

① 打开金山网镖,单击“应用规则”。参见图 7.12。

图 7.12 应用规则

② 以“互联网”为例，单击“允许”，在弹出的列表中选择“允许/禁止/询问”。参见图 7.13。

应用程序规则列表　添加　删除　清空

程序名称	局域网	互联网	邮件
Kingsoft AntiVirus	允许	允许	允许
Kingsoft AntiVirus UpLive	允许	允许	允许
Kingsoft AntiVirus KWatch Service	允许	禁止	允许
Kingsoft Antivirus Security Center	允许	询问	允许
Microsoft Office Excel	询问	禁止	询问
Microsoft Office 2003 component	询问	禁止	询问
Microsoft Office Access	询问	禁止	询问
Microsoft Office Outlook	询问	禁止	询问
Microsoft Office PowerPoint	询问	禁止	询问
Microsoft Office Word	询问	禁止	询问
QQ	允许	允许	允许

图 7.13　选择规则

提示：对防火墙、杀毒、语音、聊天等软件应该选择允许；对一些本机使用的软件应该选择禁止。

(2) 准则

① 打开金山网镖，打开“工具”菜单，单击“综合设置”。

② 选择“木马防火墙”，选择“开启”。参见图 7.14。

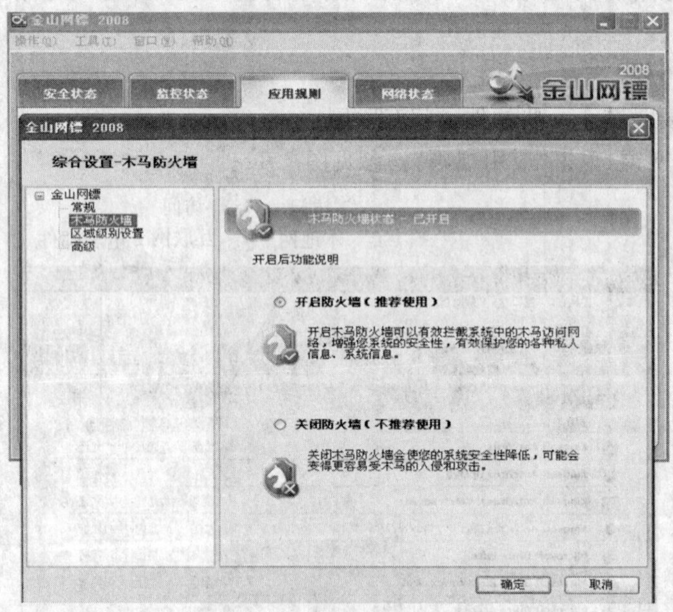

图 7.14　综合设置-开启防火墙

③ 再选择“区域级别设置”，单击“互联网”、“自定义级别”，出现图 7.15 所示的自定义规则窗口。

④ 双击规则名称，例如“允许别人使用 Ping 命令…”，弹出规则修改的窗口，参见图 7.16。

⑤ 可以用相同方法设置其他规则，设置完毕后单击“确认”然后保存。

提示：尽量不要别人访问自己的计算机；保持自己对外界的联系，例如，“允许自己访问外部 HTTP…”，这个项目如果被拦截，那就无法访问 Web 网站了。

自定义 IP 规则编辑器

添加　修改　删除　向上移动　向下移动　保存　清空　导入　导出

规则名称	动..	协..	方向	对方 IP 地址	本机数据端口	对方数据端口
☑ 允许别人使用 Ping 命...	拦截	ICMP	接收	任何地址		
☑ 允许自己用 Ping 命令...	允许	ICMP	接收	任何地址		
☑ 允许本机接收“超时”的 ...	允许	ICMP	接收	任何地址		
☑ 允许本机接收“无法到达...	允许	ICMP	接收	任何地址		
☐ 防止 ICMP 类型攻击	拦截	ICMP	接收	任何地址		
☐ 防止 IGMP 类型攻击	拦截	IGMP	接收	任何地址		
☑ 允许域名 DNS 解析（UD...	允许	UDP	接收	任何地址	任何端口	53
☑ 允许别人探测本机的机...	拦截	UDP	收/发	任何地址	134 - 139	任何端口
☑ 允许别人访问本机的共...	拦截	TCP	收/发	任何地址	134 - 139	任何端口
☑ 允许别人访问本机共享资源	拦截	TCP	收/发	任何地址	445	任何端口
☑ 允许自己探测他人的机...	允许	UDP	收/发	任何地址	任何端口	134 - 139
☑ 允许自己访问他人的共...	允许	TCP	收/发	任何地址	任何端口	134 - 139
☑ 允许自己访问他人共享资源	允许	TCP	收/发	任何地址	任何端口	445
☑ 允许别人与本机的缺省 ...	拦截	TCP	收/发	任何地址	80 - 83	任何端口
☑ 允许别人与本机的 Web ...	拦截	TCP	收/发	任何地址	8080	任何端口
☑ 允许别人与本机的缺省 ...	拦截	TCP	收/发	任何地址	443	任何端口
☑ 允许别人与本机的缺省 ...	拦截	TCP	收/发	任何地址	110	任何端口
☑ 允许别人与本机的缺省 ...	拦截	TCP	收/发	任何地址	25	任何端口
☑ 允许别人与本机的缺省 ...	拦截	TCP	收/发	任何地址	20 - 21	任何端口
☑ 允许访问外部 HTTP 资...	允许	TCP	收/发	任何地址	任何端口	80 - 83
☑ 允许访问外部 HTTP 资...	允许	TCP	收/发	任何地址	任何端口	8080

允许别人发送给本机的类型为 8 的 ICMP 数据包，从而他人可以使用 Ping 命令探测本机是否存在于网络中

图 7.15　自定义规则

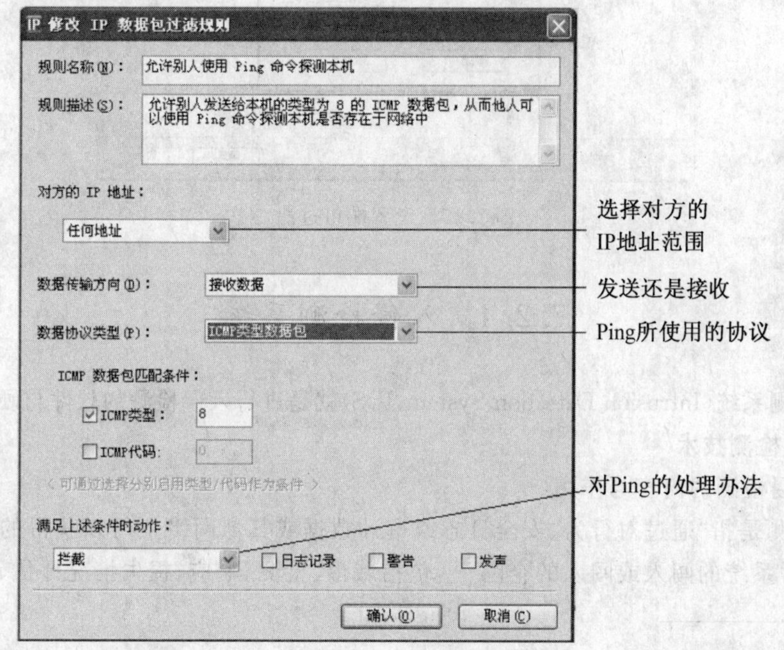

图 7.16　对 IP 准则的设置

(3) 端口的保护

当发现防火墙不断出现报警,某个端口有试图的攻击行为,可以尝试把这个端口关闭。方法如下:

① 打开金山网镖,打开“工具”菜单,单击“综合设置”。

② 单击“高级”,选择“启用 TCP/UDP 端口过滤”。

③ 单击“添加”,即可设置端口的参数,参见图 7.17。

说明:

① 端口号,就是发现进入攻击的端口。

② 协议是进入攻击所采用的数据传输方式,TCP 或 UDP。

③ 类型有本地或远程两种,说明攻击的来源。

④ 最重要的是操作,当然要禁止从这个端口的攻击。

⑤ 有些端口是不能禁止的。

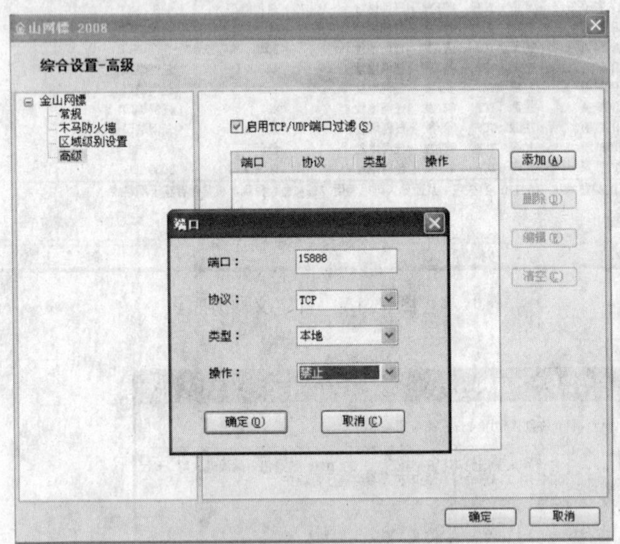

图 7.17 设置端口过滤

7.2.4 入侵检测系统

入侵检测系统(Intrusion Detection System,IDS)就是进行入侵检测的软件与硬件的组合。

1. 入侵检测技术

(1) 入侵检测的内容与作用

入侵检测是指“通过对行为、安全日志或审计数据或其他网络上可以获得的信息进行操作,检测到对系统的闯入或闯入的企图”[①],包括威慑、检测、响应、损失情况评估、攻击预测和

① 参见国标 GB/T18336 标准。

起诉支持等内容。

入侵检测技术是为保证计算机系统的安全而设计与配置的一种能够及时发现并报告系统中未授权或异常现象的技术，是一种用于检测计算机网络中违反安全策略行为的技术。

（2）入侵检测的分类

按照检测对象，入侵检测可以划分为：

① 基于主机的检测：系统分析的数据是计算机操作系统的事件日志、应用程序的事件日志、系统调用、端口调用和安全审计记录。主机型入侵检测系统是由代理（agent）来实现对所在主机系统的保护，代理是运行在目标主机上的小的可执行程序。

② 基于网络的检测：系统分析的数据是网络上的数据包。网络型入侵检测系统担负着保护整个网段的任务，基于网络的入侵检测系统由遍及网络的传感器（sensor）组成，传感器是一台计算机，用于探测网络上的数据包。

③ 混合型检测：基于网络和基于主机的入侵检测系统都有不足之处，会造成防御体系的不全面，综合了基于网络和基于主机的混合型入侵检测系统既可以发现网络中的攻击信息，也可以从系统日志中发现异常情况。

2. 检测系统模型

应该使用安全工程风险管理的思想与方法来处理网络安全问题，将网络安全作为一个整体工程来处理（见图 7.18）。从管理、网络结构、加密通道、防火墙、病毒防护、入侵检测多方位对所关注的网络作全面的评估，然后提出可行的全面解决方案。[①]

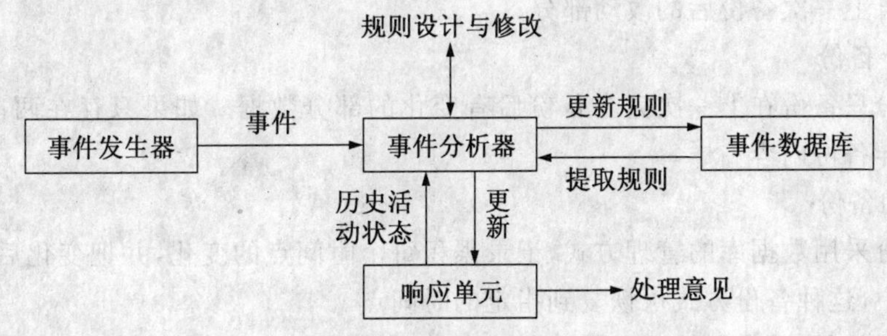

图 7.18　入侵检测系统模型

3. 入侵检测软件

（1）NetWatch 网络监控与入侵检测系统专业版

这个软件可以对企业网络进行实时监控、自动或手动切断网络连接、孤立堵塞网络主机、防止 ARP 欺骗、实现入侵检测功能、支持防火墙的互动。

（2）防火墙软件

国内外软件公司均开发了一些专门检测某类入侵的软件。目前几乎所有的防火墙软件均带有入侵检测功能，例如瑞星卡卡、金山毒霸网镖等。这些软件需要用户设定规则。参见防火墙部分的举例。

---

① 入侵检测技术发展方向 www.rising.com.cn。

7.2.5 备份和恢复技术

本书认为备份中最重要的是数据备份，所以主要介绍数据备份技术和相关内容。

目前，网上银行、数码设备、客户资料等信息越来越与人们的工作、生活密切相关，成为不可缺少的部分，人们对数据的重要性也有了越来越重要的认识。对重要数据的保护变得越来越重要，备份数据成为对数据保护的一种方法。

备份是一种手段，备份的目的是为了防止数据灾难，缩短停机时间，保证数据安全；备份的最终目的是恢复。从备份策略来看，目前的主要备份策略可分为完全备份、增量备份、差异备份和累加备份策略。

1. 备份方式

(1) 完全备份

这种方式是复制给定计算机或文件系统上的所有文件，而不管它是否被改变。

如果备份之间，数据没有任何更动，那么所有备份数据都是一样的。备份全部选中的文件及文件夹，并不依赖文件的存盘属性来确定备份哪些文件。如果每天变动的文件只有10 MB，每晚却要花费 100 GB 的空间做备份，则绝对不是个好方法。

(2) 增量备份

增量备份仅仅备份在上一次备份后增加、改动的部分数据。增量备份可分为多级，每一次增量都源自上一次备份后的改动部分。

(3) 差异备份

差异备份只备份在上一次完全备份后有变化的部分数据。如果只存在两次备份，则增量备份和差异备份内容一样。

(4) 累加备份

累加备份采用数据库的管理方式，记录累积每个时间点的变化，并把变化后的值备份到相应的数组中，这种备份方式可恢复到指定的时间点。

值得说明的是，通常要把几种策略结合起来使用，例如可以采用完全备份方式，或者完全备份加增量备份，或完全备份加差异备份，或完全备份加累加备份。

2. 备份技术

(1) 针对数据进行的备份

直接复制所要存储的数据，或者将数据转换为镜像保存在计算机中。诸如 Ghost 等备份软件，光盘和移动硬盘也属此类。采用的模式分为逐档与镜像两种。一种是直接对文件进行复制，另一种是把文件压成镜像存放。优点是方便易用，是广大用户最为常用的；缺点是安全性很低，容易出错。其针对数据进行备份，如果文件本身出现错误就将无法恢复，那备份的作用就无从谈起了。

(2) 磁轨备份技术

这是直接对磁盘的磁轨进行扫描的技术，直接记录下磁轨的变化。优点是非常精确，因为是直接记录磁轨的变化情况，所以出错率极低，几乎为零。NAS 等专业存储设备就是采用此种备份技术,也是目前中小企业应用最多的备份技术。

3. 主流存储备份设备

(1) 磁盘阵列

磁盘阵列将多个类型、容量、接口甚至品牌一致的专用硬磁盘或普通硬磁盘连成一个阵列,以某种快速、准确和安全的方式来读写磁盘数据,可以提供数据备份和磁轨备份两种技术。优点是具有很高可靠性、安全性、稳定性;缺点是价格偏贵、需要专业人员维护管理。

(2) 文件服务器

是专门负责文件管理,提供上传、下载共享备份等工作的服务器,采用直接数据备份的方式,将数据文件直接存储备份在硬盘上。优点是操作简单,使用方便;缺点是需面临误操作、病毒侵害、网络攻击等诸多安全性的问题。

(3) 光盘塔

由几台或十几台 CD ROM 驱动器并联构成,通过软件控制某光驱的读写操作,使其按照要求自动读取信息,把数据直接复制到光盘上,进行数据备份。优点是可以按需求保存数据,且保存的数据具可移动性;缺点是光盘容量有限、购买光盘的花费大、刻录机寿命短、人工操作,而且光盘易丢失损坏。

(4) NAS

将硬盘连接起来组成阵列,形成一个小型磁盘阵列柜。通过网线与计算机或服务器连接并进行数据传输;通过浏览器可以管理阵列;简单易用,可靠、安全,比较适合中小企业重要数据如财务、客户、设计、人事等方面的数据备份。中、高级别的 NAS 采用磁轨备份方式,以保证数据的高度准确,而且可以支持差异备份,不浪费容量。被 IBM、HP、国内中小企业广泛应用的 NAS 是加拿大的"自由遁"。

4. 常用备份软件

(1) 一键 GHOST

是"DOS之家"首创的 4 种版本(硬盘版、光盘版、U 盘版、软盘版)同步发布的启动盘,适应各种系统,可以独立使用,也能够相互配合。主要功能包括一键备份 C 盘、一键恢复 C 盘、中文向导、GHOST、DOS 工具箱等。

软件的应用:系统安装并把常用软件安装调试完成后,使用这个软件建立 C 盘的备份。当系统出现问题时,利用备份恢复系统,适合于个人用户。目前,这个软件的各个版本都是免费的。

(2) 腾龙备份大师

这是一款基于 Windows 平台、多功能、高效稳定的专业数据备份软件,适合企业级用户。利用企业现有软硬件资源,搭建一个功能强大、高效稳定、无人值守式的数据安全备份环境,完成 7 天 24 小时不间断数据备份,可以有效保障企业数据的安全。

腾龙备份大师系列软件能够支持备份功能,包括完全备份、增量备份、差异备份、压缩备份、同步备份、镜像备份、覆盖备份、索引备份,并支持实时备份与计划备份两种任务形式。系统还支持的存储介质,包括磁盘、阵列、阵列柜、USB 设备、1394 设备、网络存储设备、光存储设备及远程 FTP 服务器。

系列软件向用户提供了数十种国际标准的加密技术，包括 DES、3DES、BLOWFISH、TWOFISH、ICE、ICE2、CAST128、CAST256、THIN ICE、RC2、RC4、RC5、RC6、RIJNDAEL、SERPENT、TEA、MARS 等加密标准；支持的散列算法包括 MD4、MD5、SHA－1、SHA－256、SHA－384、SHA－512、Haval、RipeMD－128、RipeMD－160、Tiger 等。目前，该系列软件包括“2008 系列高级智能企业版”、“网络黄金企业版”、“广域网星球版”等。

5. 恢复软件

(1) 易我数据恢复向导

这是首款国内自主研发的数据恢复软件，是一款功能强大、性价比高的数据恢复软件。在 Windows 操作系统下，这个软件可以提供 FAT12、FAT16、FAT32、VFAT、NTFS、NTFS5 文件系统数据恢复，支持 IDE、ATA、SATA、SCSI、USB、IEEE1394 多种硬盘、软盘、数码相机、数码摄像机和 USB 种类的存储介质；具有删除恢复、格式化恢复、高级恢复功能，可以针对不同情况的数据丢失来进行数据恢复，有效恢复被删除、格式化的文件以及分区异常导致丢失的文件。

(2) EasyRecovery

是一款硬盘数据恢复工具，包括多个版本，能够恢复丢失的数据，重建文件系统。EasyRecovery 主要是在内存中重建文件分区表，使数据能够安全地传输到其他驱动器中。支持从被病毒破坏或是已经格式化的硬盘中恢复数据；可以恢复大于 8.4GB 的硬盘；支持长文件名；支持被破坏的硬盘中像丢失的引导记录、BIOS 参数数据块、分区表、FAT 表、引导区恢复。

【本章小结】

本章主要介绍了互联网出现的安全问题，并介绍了网络安全方法，例如信息加密技术、防火墙技术；并介绍了网络攻击的手段和防范攻击的方法，概括介绍了数据备份的方法。

【本章难点】

(1) 包过滤原理。

(2) 密匙加密原理。

(3) 软件防火墙的设置。

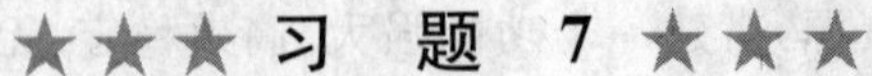

★★★ 习 题 7 ★★★

一、选择题

1. 目前 Internet 中存在的主要威胁包括(　　)等。

A. 伪造　　B. 窃密　　C. 攻击　　D. 以上都是

2. 数据(　　)服务可以保证信息流、单个信息或信息中指定的字段,保证接收方所接收的信息与发送方所发送的信息是一致的。

A. 认证　　B. 完整性

C. 加密　　D. 访问控制

3. 当网络遭到破坏时,通常要采取相应的行动方案。如果发现非法入侵者可能对网络资源造成严重的破坏时,网络管理员应采取(　　)方法更为妥当。

A. 跟踪方式　　B. 修改密码

C. 保护方式　　D. 修改访问权限

4. 入侵检测系统是对(　　)的恶意使用行为进行识别的系统。

A. 路由器　　B. 网络资源

C. 用户口令　　D. 用户密码

5. 网络病毒感染的途径可以有很多种,发生得最多的是(　　)。

A. 网络传播　　B. 演示软件　　C. 系统维护盘　　D. 用户个人软盘

二、简答题

1. 为什么在实际的防火墙系统配置中,经常将设置包过滤路由器与堡垒主机结合起来使用?

2. 为什么一定要考虑网络中数据的备份与恢复功能?

3. 非对称加密的优势是什么。

4. 尝试使用 Ping 命令,写出你所理解的这个命令的作用。

实验六　学习使用简单的网络安全技术

【实验目的】

(1) 学习如何拒绝访问。

(2) 学习使用 IIS 配置 Web 服务器方法。

【实验内容】

(1) 拒绝从网络访问这台计算机。

(2) 安装 IIS 配件。

(3) 设置 Web 网站。

【课时】 2

【实验要求】

(1) 掌握 IIS 的安装方法。

(2) 掌握 Web 服务器的配置方法。

【实验条件】

一台装有 Windows XP/VISTA 操作系统的计算机。

【实验步骤】

1. 拒绝从网络访问这台计算机

防止来自其他网络的计算机访问本计算机,是避免受到黑客攻击的第一关。

(1) 打开"控制面板"→"管理工具"→"本地安全策略",见图 7.19。

(2) 选择“本地策略”→“用户权限指派”→“从网络访问这台计算机”,删除“Everyone”。

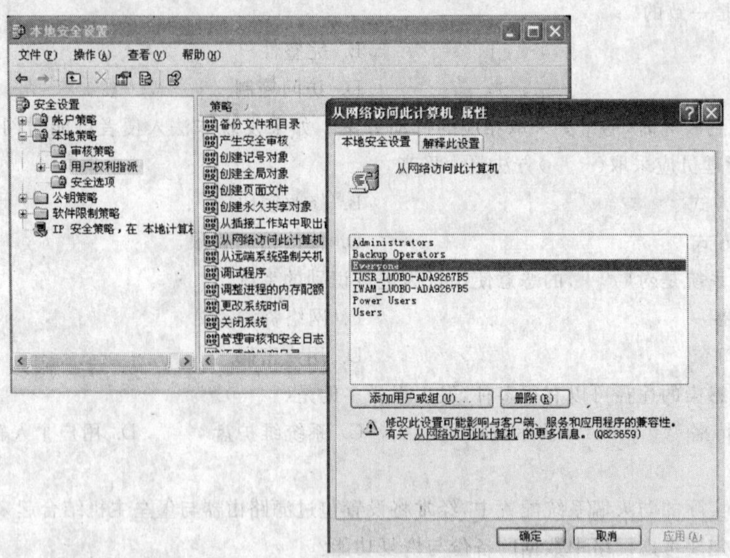

图 7.19　删除“Everyone”

2. 设置从网络访问共享文件夹的权限

(1) 在网络上与其他用户共享文件夹。

① 在 Windows 资源管理器中打开我的文档。

② 单击希望进行共享的文件夹。

③ 在文件与文件夹任务选项中,单击“共享该文件夹”。

④ 如图 7.20 所示属性对话框中,选中“在网络上共享这个文件夹”单选框。

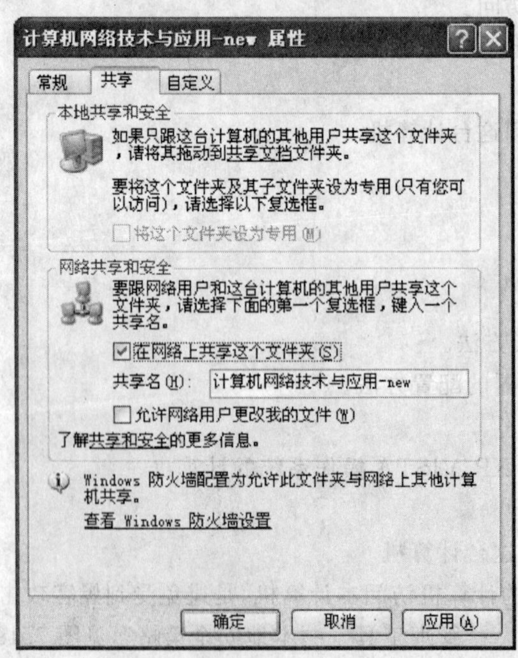

图 7.20　在网络上共享文件夹

⑤ 在“共享名称”文本框中，为文件夹输入一个新的名称，并单击“确定”。

提示：共享特性不适用于 Documents and Settings、Program Files 以及 Windows 系统文件夹。

(2) 权限

可以设置、查看、修改或删除文件与文件夹权限。

① 打开 Windows 资源管理器，并单击“查看”菜单，把“使用简单文件夹共享”的选择去掉，并单击“应用”和“确定”，参见图 7.21。

提示：如果采用简单设置，则不能设置权限。

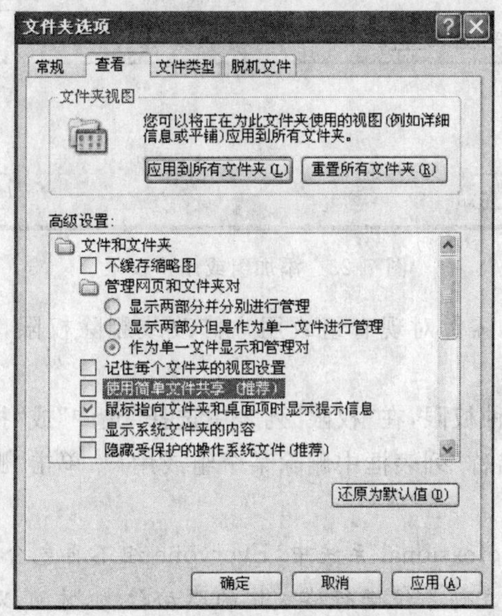

图 7.21 在网络上共享文件夹

② 右击要设置权限的文件或文件夹。

③ 在出现的快捷菜单中选择“属性”，并单击“安全”选项卡，参见图 7.22。

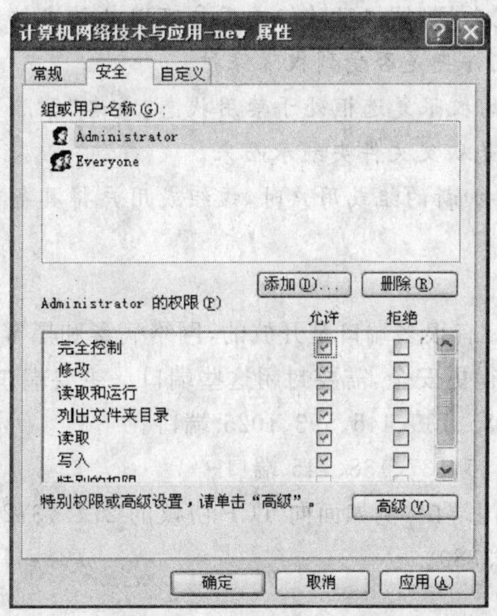

图 7.22 设置用户权限

④ 如需添加未显示在“组或用户名称”列表中的组或用户，单击“添加”，参见图 7.23，输入希望设置权限的组或用户名称，并单击“确定”。或者单击“高级”去查找用户名。

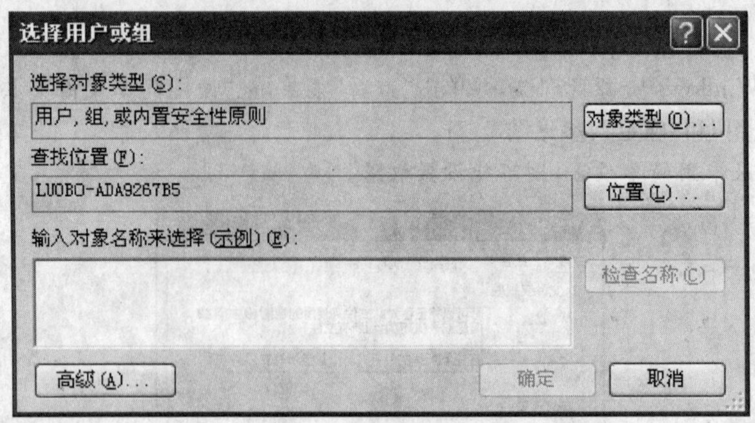

图 7.23 添加组或用户权限

⑤ 如图 7.22 所示，如需针对现有组或用户修改或删除权限，单击组或用户名称，并执行以下任意一项操作：

- 如需允许或拒绝某种权限，在“权限”列表中选择“允许”或“拒绝”复选框。
- 如需从“组或用户名称”列表框中删除某个组或用户，单击“删除”。

说明：

- 在 Windows XP Professional 系统中，Everyone 组不再包含于匿名登录中。
- 只有使用了 NTFS 文件系统进行格式化的驱动器上，才可以设置文件与文件夹权限，FAT 文件系统没有这个功能。
- 只有文件和文件夹的所有者或拥有由文件或文件夹所有者授予的管理权限的用户，才有修改某种权限的能力。
- 拥有特定文件夹“完全控制”权限的组或用户可以从该文件夹中任意删除文件或子文件夹，而不论相应文件或文件夹是否受到权限保护。
- 如果某个组或用户的权限复选框处于禁用状态，或者“删除”按钮无法使用，则意味着相应文件或文件夹的权限是从父文件夹继承而来。
- 在缺省情况下，当添加新的组或用户时，该组或用户将具备“读取与执行”、“查看文件夹内容”以及“读取”权限。

3. 管理端口

默认情况下，Windows 有很多端口是开放的，网络病毒和黑客可以通过这些端口连接计算机。有时为了让系统变得更安全，需要封闭这些端口。主要端口包括：

- 面向 TCP 协议的 135、139、445、593、1025 端口。
- 面向 UDP 协议的 135、137、138、445 端口。
- 一些流行病毒的后门端口，例如面向 TCP 协议的 2745、3127、6129 端口。
- 远程服务访问端口 3389。

本实验在 Windows XP 系统环境下，关闭这些网络端口。

(1) 创建一个安全策略

① 单击“开始”→“控制面板”→“管理工具”，双击打开“本地安全策略”，选择“IP 安全策略，在本地计算机”，在右边窗格的空白位置右击鼠标，弹出快捷菜单，选择“创建 IP 安全策略”，弹出向导，参见图 7.24。

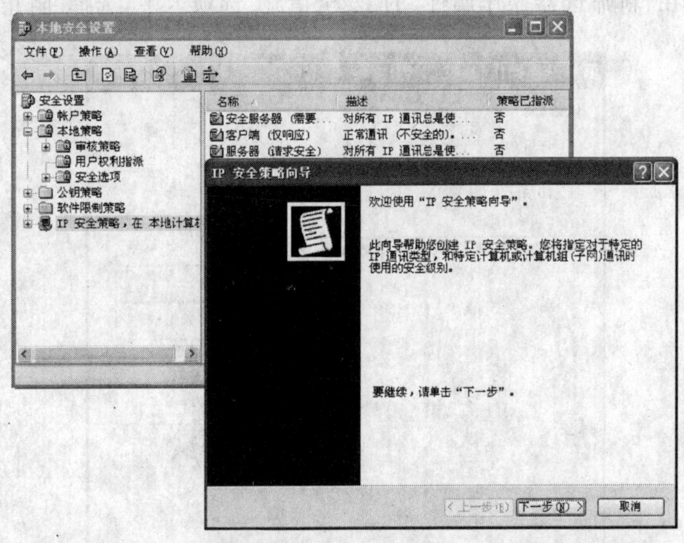

图 7.24 IP 安全策略向导

② 单击“下一步”按钮，为新的安全策略命名，再单击“下一步”，显示“安全通信请求”对话框，清除“激活默认相应规则”选择，单击“完成”。

(2) 配置安全策略

① 右击该 IP 安全策略，在“属性”对话框中，去掉“使用添加向导”选择，单击“添加”按钮添加新的规则。

② 在“新规则属性”对话框，单击“添加”，弹出 IP 筛选器列表窗口。

③ 在列表中，首先去掉“使用添加向导”选择，再单击“添加”按钮，添加新的筛选器。

④ 进入“筛选器属性”对话框，在“寻址”选项中，源地址选择“任何 IP 地址”，目标地址选择“我的 IP 地址”。

⑤ 单击“协议”选项卡，在“选择协议类型”的下拉列表中选择“TCP”，在“到此端口”下的文本框中输入“135”，单击“确定”，参见图 7.25。

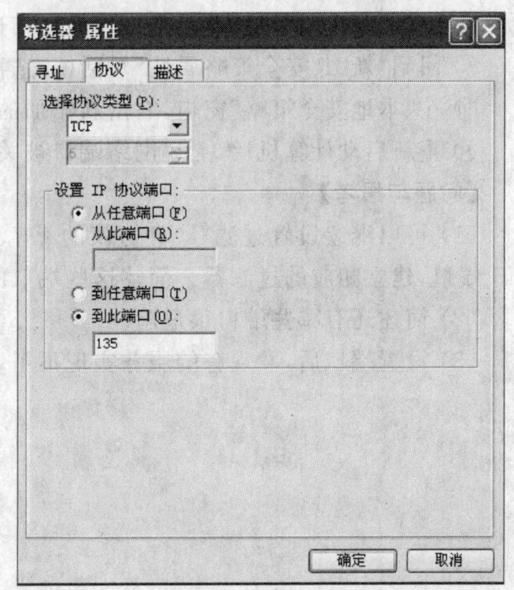

图 7.25 设置屏蔽 TCP 协议的 135 端口

添加了一个屏蔽 TCP 135(RPC)端口的筛选器,可以防止外界计算机通过 135 端口连接所设置的计算机。

⑥ 在“新规则属性”对话框中,选择“新 IP 筛选器列表”,单击其单项选择按钮,激活此规则。

⑦ 单击“筛选器操作”选项卡,去掉“使用添加向导”选择,单击“添加”,添加“阻止”操作,参见图 7.26,在“新筛选器操作属性”的“安全措施”选项卡中,选择“阻止”,单击“确定”。

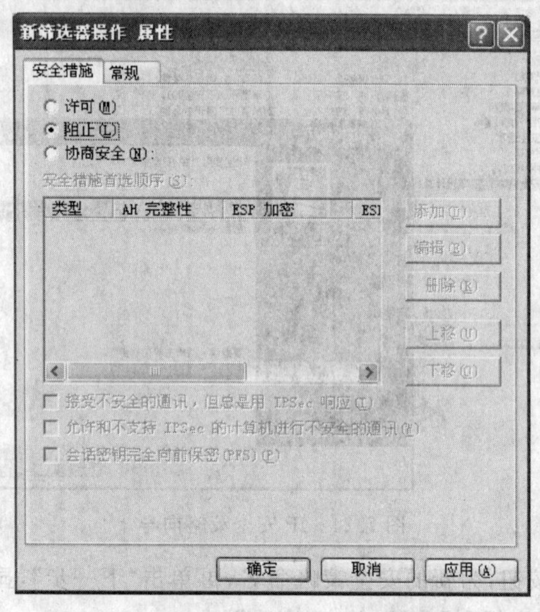

图 7.26 阻止某个策略

⑧ 进入“新规则属性”对话框,选择“新筛选器操作”,激活这个规则,单击“关闭”。

⑨ 回到“新 IP 安全策略属性”对话框,选择“新的 IP 筛选器列表”,单击“确定”。

⑩ 在“本地安全策略”窗口,右击新添加的 IP 安全策略,单击“指派”。

⑪ 重新启动计算机后,上述网络端口被关闭。

【问题与思考】

(1) 可以继续设置过滤 TCP 协议的 137、139、445、593 端口,以及 UDP 协议 135、139、445 端口,建立相应的过滤器。简述这些端口的作用是什么?

(2) 简述还有哪些端口很危险。

(3) 设置端口后,发现有的服务实现不了,应该怎么做才能恢复原来的服务?

第8章　网络技术应用举例

飞速发展的互联网技术应用改变了人们传统的生活与工作方式，计算机网络已广泛应用于科研、教育、国防、商业等不同领域，成为信息交流与共享的重要基础设施，不仅使人们能够及时、快速地访问所需的信息资源来满足强烈的求知欲，也提供了一个进行各种自由交流的平台，成为推动社会发展的强大动力。对网络技术的了解、使用乃至组建具有自己特色的网络，已成为每一个计算机网络爱好者所应该掌握的一项技能。在本章中，将介绍几种常用的网络技术应用实例，供大家学习与参考。

【本章主要内容】

- 需求分析。
- 设备的选择。
- 软件的选择。
- 网络安全方案。

8.1　办公局域网组建设计

目前，大多数企事业单位都已经或开始重视办公自动化与信息化的建设，通过将办公室内或各部门间的计算机连接成一个局域网，实现业务无纸化、网络化，提高了工作效率，降低了办公成本。办公局域网也可以连接到 Internet 上，实现局域网内计算机共享上网与互联网信息资源的获取。本节将根据一个案例，围绕如何组建和管理办公局域网，以及办公局域网内常见的网络服务和网络安全措施等核心问题进行阐述。主要内容包括以下 8 个方面：需求分析、网络总体设计、网络拓扑结构设计、网络硬件设备的选择、网络服务器的选择、接入 Internet、网络服务和网络安全措施。

8.1.1　需求分析

当我们要组建一个网络时，首先应该进行的是用户需求调研分析，明确用户所需的功能与目标，并根据所能利用的资源来帮助用户实现目标。

【案例】 某研究所需要组建一个局域网，该研究所现有 2 间办公室和 6 间实验室，每个房间内有数量不同、配置不同的计算机。现在需要将这些计算机联网，实现单位内部信息和资源的共享，并且能够接入 ADSL 电信网和教育网（研究所拥有一个教育网固定 IP 和

ADSL 账号),以方便文献资料的查询,提高工作效率;研究所有一个 Web 服务器需要对外提供访问,提供 FTP 服务;研究所内部需要共享打印机。目前各个计算机只是进行 Office 办公、专业软件等一些简单应用,现需要在此基础上开发办公自动化系统,便于单位全体人员的信息查询和共享,利用 Internet 实现远程办公。

8.1.2 网络总体设计

在组建局域网前应进行总体设计,总体设计是局域网建设的总体思路和工程蓝图,是搞好局域网建设的核心任务。总体设计主要有以下步骤。

(1) 进行对象研究和需求调查,明确系统建设的需求和条件。

(2) 在需求分析基础上,确定内部网络服务类型,确定系统建设的具体目标,包括网络设施、站点设置、开发应用和管理等方面的目标。

(3) 确定待建局域网网络拓扑结构和功能,根据应用需求和办公室分布特点,进行系统分析和设计。

(4) 确定技术设计原则,如在技术选型、布线设计、设备选择、软件配置等方面的标准和要求。

(5) 规划并安排网络建设的实施步骤。根据以上总体设计的要求,在此案例中我们要根据计算机实际分布情况确定性价比最高的网络连接类型,合理布线,实现所有计算机的联网;并且预留出一定的端口,以方便今后网络的扩充;局域网应同时接入教育网和电信 ADSL 网,以保证所有计算机网络切换和资源共享快捷方便。为此,开展以下工作。

① 建立基于 Windows NT Server 的网络服务器,实现文件和打印共享。

② 建立 Web 服务器,开发办公自动化系统,内部人员可以利用网络相互交流和协作,并提供对外访问,便于外部人员及时了解信息和查询资料。

③ 建立邮件服务器,方便内部人员的沟通、交流与合作。

8.1.3 网络拓扑结构设计

局域网网络拓扑结构主要有总线型、星型、环型及混合型,其中星型拓扑是较常见、使用比较频繁的一种网络拓扑结构。星型拓扑是由中央节点和通过点对点链路接到中央节点的各分节点组成,中央节点执行集中式通信控制策略,减轻各分节点之间的处理负担。星型网络与其他几种结构相比,具有如下优点。

(1) 中央节点、网络交换设备集中,方便提供服务和网络重新配置。

(2) 网络中节点容易产生故障,在星型拓扑中,清除故障容易,容易检测和隔离故障,可方便地将故障点从系统中删除,不会导致全网崩溃。

(3) 星型网络中任何连接只涉及中央节点和分节点,因此控制介质访问的方法较简单。

根据该研究所计算机分布的实际情况并结合星型结构的优点,该网络设计采用了星型结构。

图 8.1 所示为该网络设计的具体结构。

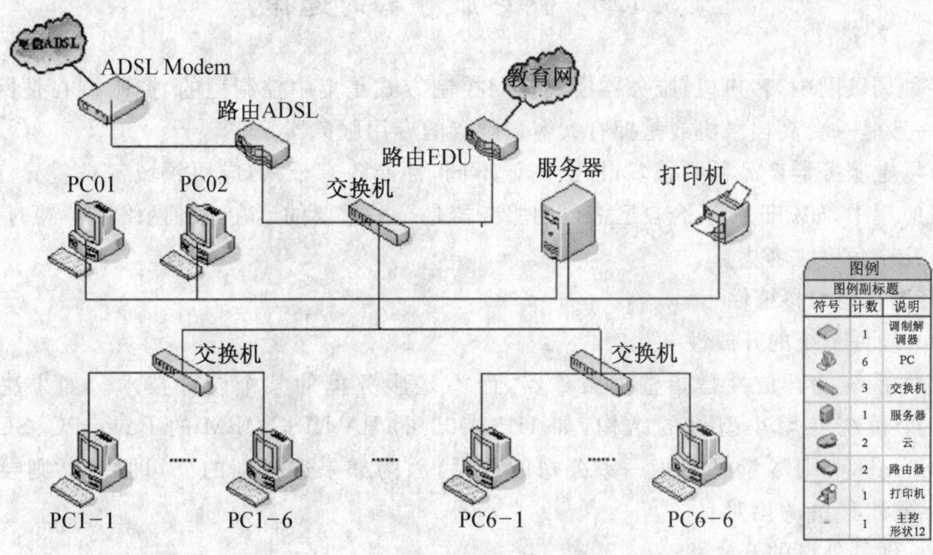

图 8.1　该研究所局域网拓扑结构图

8.1.4　网络硬件设备的选择

在购买与使用网络设备时，应考虑以下一些因素。

(1) 网络布线由于不易升级、有效传输距离限制等问题，所以应当选择质量较好的双绞线，如超五类、六类等非屏蔽双绞线。

(2) 网络硬件设备不一定选择最新、最好的，应选择使用成熟技术的设备，主要是从性价比和可靠性方面考虑。

(3) 设备应该具有可升级性，为未来网络升级奠定基础。

根据网络拓扑结构，需要的主要网络硬件设备清单如表 8.1 所示。

表 8.1　主要网络设备清单

设备名称	数　量	用　途
ADSL Modem	1	ADSL 拨号接入
路由器	2	路由选择，切换不同的网络
打印机	1	提供共享打印服务
交换机	≥7	封装转发数据包，数据交换
网络传输介质(双绞线)	若干	传输数据，连接网络节点

8.1.5 网络服务器的选择

各种局域网中,客户机/服务器模式访问控制方式是集中控制型的,控制核心是网络服务器,一般是一台高档微机或是拥有大容量硬盘的专用服务器。

市场上服务器产品种类繁多,档次高低不同,性能各有千秋,应用领域各具差异。在实际网络应用中,如何选择适合自己需要的服务器是至关重要的。在选择网络服务器时,可以从以下几个角度去考虑。

1. 选择性与移植性

(1) 硬件系统的开放性

硬件系统的开放性是指整个服务器,而不是服务里的某个硬件技术。如果决定购买某一个传统专用小型机的结构,如 HP 9000 的 PA-RISC、IBM 的 PowerPC、SUN 的 Ultra-Sparc 等,则尽量只购买一家公司的产品,因为如果选择别的公司服务器则要克服很多升级和移植的困难。

(2) 硬件外设的开放性

服务器硬件外设应该具有选择性和可移植性的特点。这样可以不必局限于某一厂家的产品,择优购买。

(3) 内部硬件扩展的开放性

服务器内部硬件扩展应该具有可选择性和可移植性的特点。这里主要指 CPU 和内存。服务器的 CPU 应该有多个兼容厂商。比如 Intel、AMD 的芯片。

2. 性能与性能价格比

比较服务器之间的性能时,除了考虑一些指标,如 CPU 速度、CPU 个数、CPU 总线结构是 32 位还是 64 位,是 CISC 还是 RISC 处理器、Cache 高速缓存大小、系统总线速度、I/O 吞吐带宽、网卡速度、硬盘速度等外,还应注重以下总体指标。

(1) 可扩展性

可扩展性指增加内部或外部硬件。比如扩充 CPU 数目(SMP)、增加内存、增加硬盘数目和容量、增加 I/O 总线上的适配器(插卡)等。

(2) 可升级性

升级是指用新的硬件部件替代现有性能较差的部件。比如 CPU 处理器的升级。有些服务器的 CPU 与主板紧密结合,所以要升级 CPU 时只能更换整块 CPU 板,成本昂贵。

(3) 可靠性与可用性

服务器的可靠性通常可以用平均无故障时间(Mean Time Between Failure,MTBF)衡量。虽然 MTBF 的计算没有一个统一的标准,但用户可以通过查看服务器采用的可靠性技术来判断产品的可靠性,如冗余备份电源、冗余备份网卡、ECC(错误检查纠正)内存、ECC 保护系统总线、RAID 磁盘阵列技术、自动服务器恢复等。可用性一般指是否有双机备份功能。备份可分为冷备份、热备份、双机同时在线等方式,用户可根据应用的关键与否来选择备份方式。

(4) 兼容性

一般来说,只要符合硬件标准和软件标准,提供适当的驱动程序,即可解决兼容性的问题。但是,有少数情况会出现微观的兼容性问题,如硬件选件 BIOS 和系统 BIOS 冲突、应用软件操作和系统 BIOS 不协调,所以比较大的服务器厂家,因为面向的用户广,潜在的兼容性问题就较多,需要经常更新硬件 BIOS 和驱动程序。

(5) 可管理性

在大型分布式企业,会有十几台到几十台甚至于几百台服务器,并且这些服务器可能物理分布位置不同,此时对系统管理员来说是一个很棘手的问题。所以大型用户应该要求服务器公司能提供服务器管理技术,而且要符合 SNMP(Simple Network Management Protocol)的网络管理标准。

3. 选择网络操作系统

网络操作系统(Network Operating System, NOS)是网络用户与计算机网络之间的接口,用于实现对网络资源的管理与控制。除了一般操作系统所具有的功能外,网络操作系统还应能够支持多种通信协议,提供可靠的网络通信和多种网络服务的功能。比较流行的网络操作系统主要有 Windows Server 2003/2008、UNIX、Linux Server 等。

Windows Server 2003 继承了 Windows XP 的友好操作性和以前 Server 系统强大网络支持性能,沿用 Windows Server 2000 的先进技术并使之更易于部署、管理与使用,在安全性、可靠性、可用性、可管理性与可扩展性等多个方面都进行了较大的改善,特别是其增强了对网络服务方面的支持,可以为中小企业提供完整的解决方案。

基于上述诸多 Windows Server 2003 的优点,在此,我们选择 Windows Server 2003 作为服务器的网络操作系统,后续诸多配置操作都是在 Windows Server 2003 上完成的。

8.1.6 接入 Internet

在按照网络拓扑结构图部署网络之后,接下来需要配置路由器、服务器及客户端计算机网络参数,以使局域网内所有的计算机互联互通,并能接入互联网。

1. 配置路由器

由于局域网需要同时接入教育网和电信 ADSL 网,因此需要配置路由器。目前市面上,提供 ADSL 服务的 ISP(信息服务提供商)有很多,比如在北京地区占市场份额较多的有歌华有线、长城宽带、北京联通等,可以根据实际需要向相应的 ISP 申请 ADSL 业务。在本例中,使用联通提供的 ADSL 服务。ADSL 采用的是拨号上网方式,可以使用 EnterNet300 虚拟拨号软件实现,如图 8.2 所示;也可以使用 Windows Server 2003 操作系统自带的功能来建立虚拟拨号连接,具体操作步骤如下。

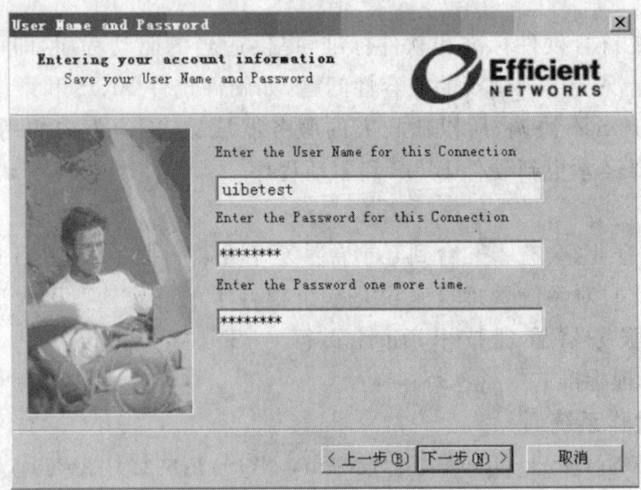

图 8.2 输入用户名与密码

(1) 选择"开始"→"程序"→"附件"→"通讯"→"新建连接向导"命令，打开"新建连接向导"对话框，单击"下一步"按钮，如图 8.3 所示。

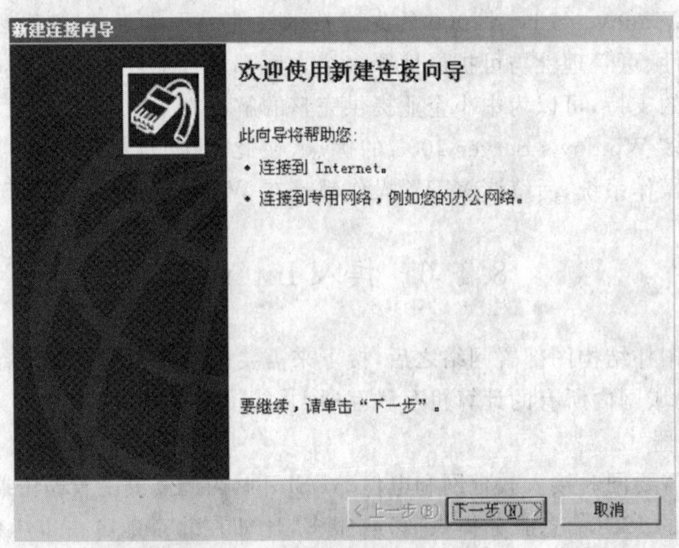

图 8.3 "新建连接向导"对话框

(2) 在弹出的"网络连接类型"对话框中，选择"连接到 Internet"选项，单击"下一步"按钮，如图 8.4 所示。

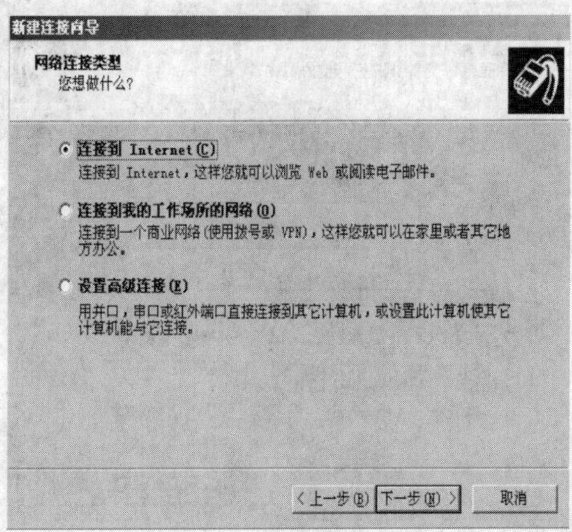

图 8.4　“网络连接类型”对话框

(3) 在弹出的“Internet 连接”对话框中，选择“用要求用户名和密码的宽带连接来连接”选项，然后单击“下一步”按钮，如图 8.5 所示。

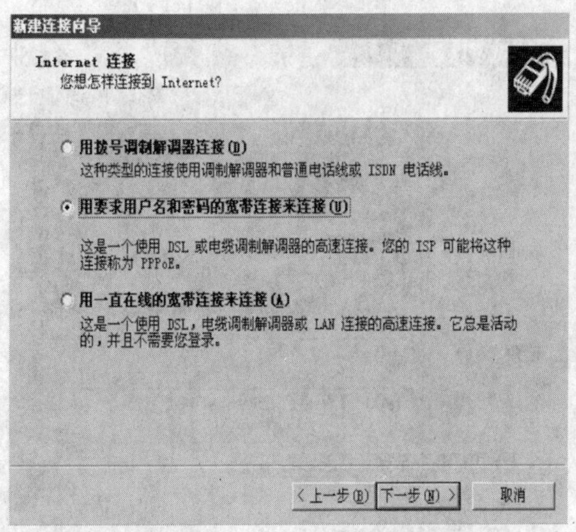

图 8.5　“Internet”连接对话框

(4) 在弹出的“连接名”对话框中，输入 ISP 名称为“宽带连接”，然后单击“下一步”按钮，在弹出的“Internet 帐户信息”对话框中，输入 ISP 提供的用户名与密码(如图 8.6 所示)，然后单击“下一步”按钮。

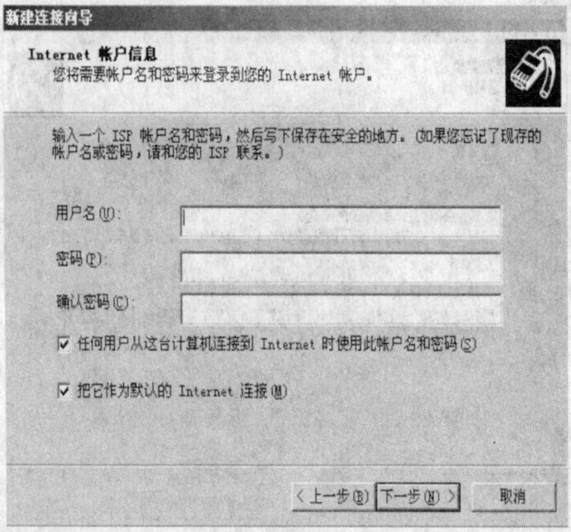

图 8.6 “Internet 帐户信息”对话框

(5) 完成新建连接向导，单击“完成”按钮。在设置完成 ADSL 虚拟拨号连接后，双击桌面的“宽带连接”图标，即可打开“连接宽带连接”对话框(如图 8.7 所示)；单击“连接”按钮，就可以接入 Internet。

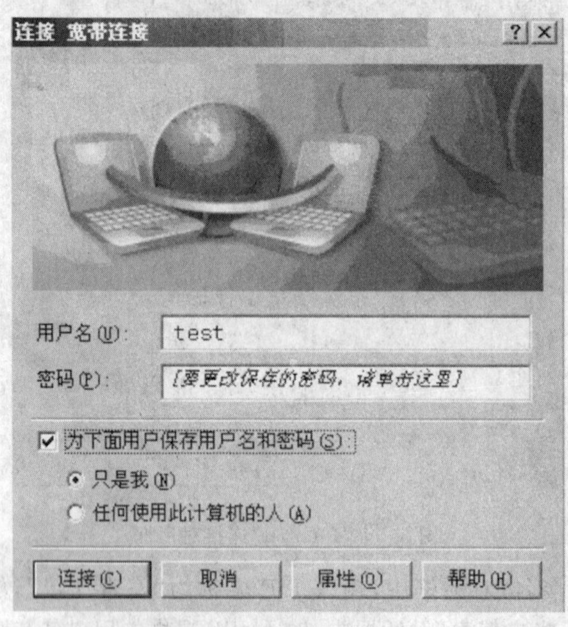

图 8.7 连接宽带连接

ADSL 路由器 LAN 口 IP 参数设置为“192.168.1.1”，子网掩码设置为“255.255.0.0”。

教育网路由 EDU 上网方式选用“静态 IP ”，并根据教育网 IP 信息设置好路由器 WAN 口基本网络参数(向教育网申请索取)，LAN 基本网络参数中 IP 设置为“192.168.2.1”，子网掩码设置为“255.255.0.0”。

2. 服务器配置

服务器需要对外提供 Web 服务。可利用教育网的静态 IP，然后利用路由 EDU 的端口映射到服务器的 80 端口。将服务器 IP 设置为“192. 168. 1. 101”，子网掩码设置为“255. 255. 0. 0”，网关设置为“192. 168. 2. 1”，具体配置参数如图 8. 8 所示。

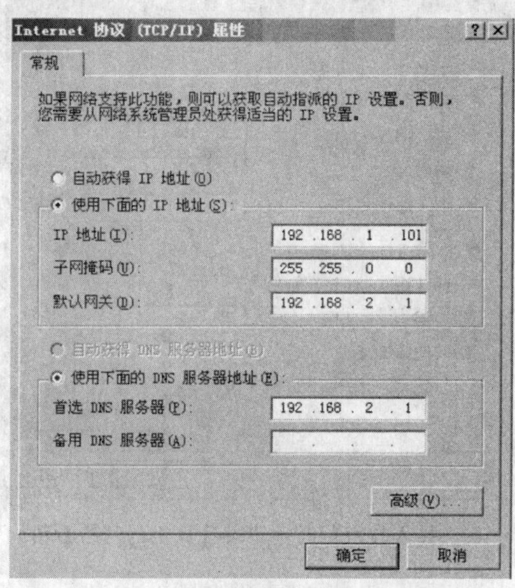

图 8. 8　服务器网络参数配置

3. 配置客户端

每个客户端计算机分配 1 个 IP，IP 段为“192. 168. 1. 2”～“192. 168. 1. 100”，子网掩码统一设置为“255. 255. 0. 0”，网关和 DNS 根据上网方式选择。若选择电信网，则网关和 DNS 设置为“192. 168. 1. 1”，具体参数配置如图 8. 9 所示。

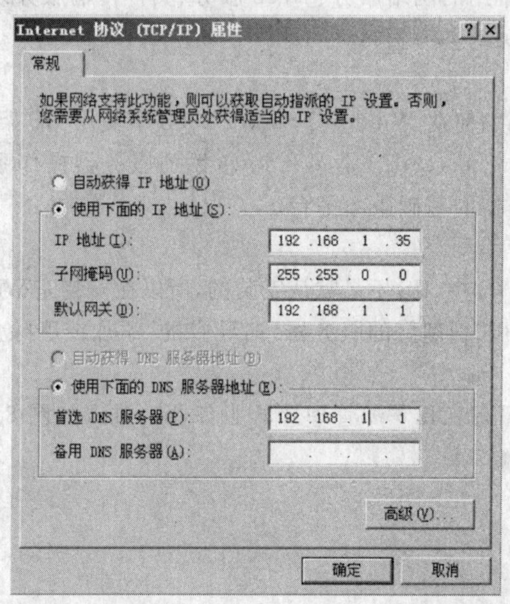

图 8. 9　接入电信网时客户端计算机的网络参数配置

若选择教育网，则网关和DNS设置为“192.168.2.1”，具体参数设置如图8.10所示。

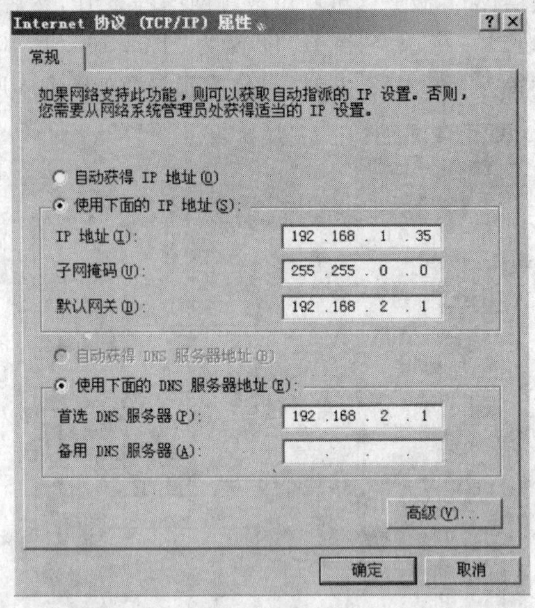

图8.10 接入教育网时客户端计算机的网络参数配置

8.1.7 网络服务

服务器可以提供许多网络服务，例如Web服务、文件传输服务、电子邮件服务、目录服务、DNS服务、数据库服务、DHCP服务、打印服务等。

以下主要介绍几个常用的网络服务：Web服务、文件传输服务以及电子邮件服务，其他的网络服务可以查阅相关的参考资料学习。

1. Web服务

在本例中，主要介绍如何在Windows Server 2003中使用IIS架设Web服务器。

Internet Information Server-IIS是Windows系列服务器操作系统中架设Web服务器的核心，是架设网站服务器的基础服务平台。

(1) 安装IIS

在Windows Sever 2003中，IIS不是默认安装的，所以在安装完Windows Server 2003后，需要单独安装IIS。本例利用“管理您的服务器”向导中的“添加或删除角色”进行安装。具体步骤如下。

① 单击“开始”→“管理工具”→“管理您的服务器”，进入如图8.11所示的“管理您的服务器”窗口。

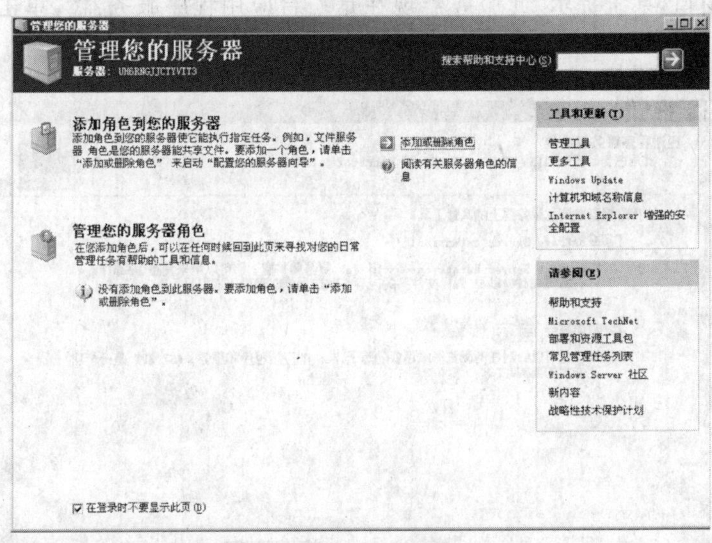

图 8.11　“管理您的服务器”窗口

② 单击“添加或删除角色”，进入“服务器角色窗口”，如图 8.12 所示。

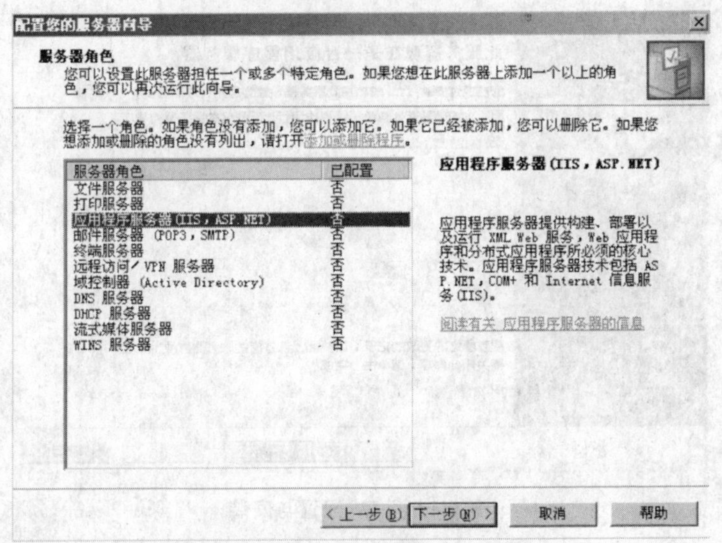

图 8.12　“服务器角色”窗口

③ 选中“应用程序服务器(IIS，ASP.NET)”，并单击“下一步”按钮，进入如图 8.13 所示的“应用程序服务器选项”窗口。

④ 选中“启用 ASP.NET”选项，单击“下一步”进入“选择总结”窗口，单击“下一步”。

⑤ 系统会提示插入 Windows Server 2003 安装盘，在光驱放入系统盘后，单击“确定”按钮继续。

⑥ 系统开始安装并配置程序，并显示“正在安装 Internet 信息服务”状态，直至弹出如

图 8.14所示的窗口，系统提示“此服务器现在是一台应用程序服务器”，单击“完成”按钮完成安装过程。

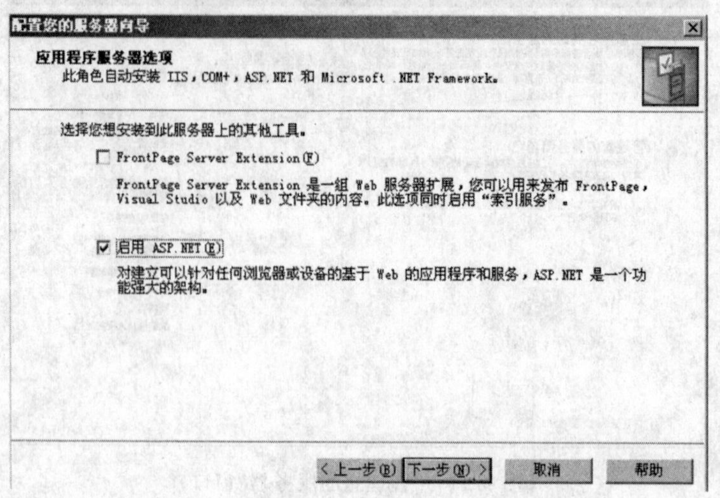

图 8.13　应用程序服务器选项窗口

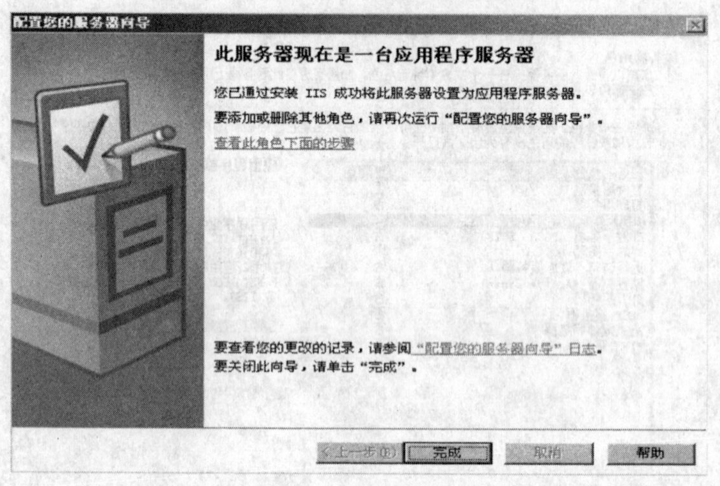

图 8.14　完成配置与安装

(2) 配置 IIS

使用 Windows Server 2003 建立 Web 服务器，需要对 IIS 进行相关配置才能正常工作。IIS 安装后默认主目录位于“C:\Inetpub\wwwroot”，以后网页可以存放在这里，当然可以重新指定主目录。

① 单击“开始”→“管理工具”→“Internet 信息服务(IIS)管理器”命令，打开 IIS 管理器(如图 8.15 所示)。

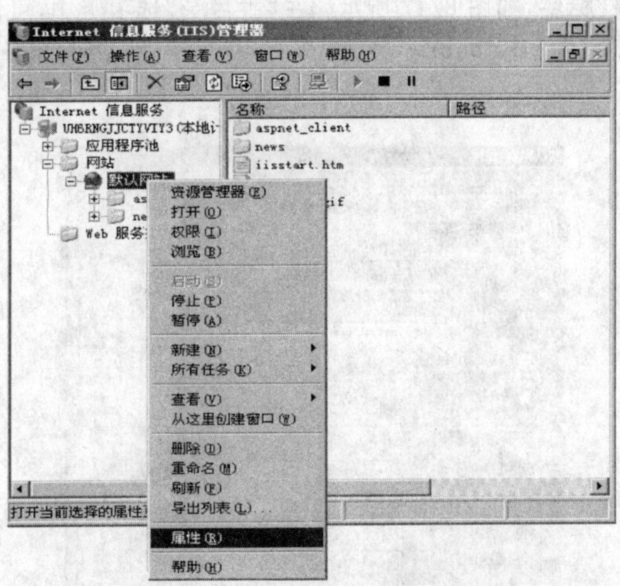

图 8.15 Internet 信息服务(IIS)管理器窗口

② 在“Internet 信息服务”的工具栏中点击“▶”按钮可启动站点，点击“■”按钮可停止站点，点击“‖”按钮暂停站点。

③ 右击“默认网站”节点，在弹出的快捷菜单中选择“属性”命令，打开“默认网站属性”对话框，选择“网站”选项卡，如图 8.16 所示。

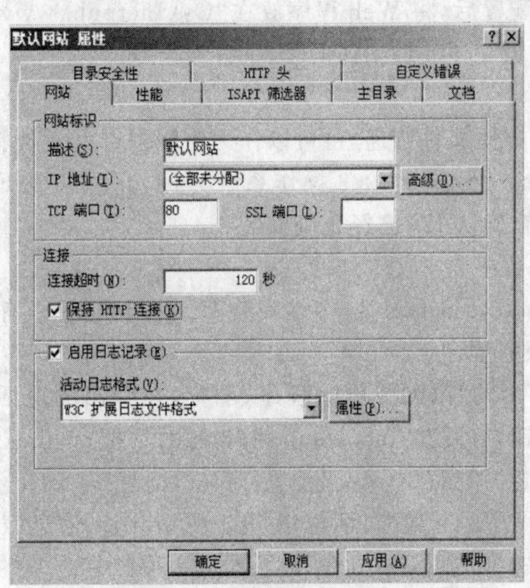

图 8.16 “网站”选项卡

④ 在“网站”选项卡中，可以设置站点的 IP 地址及 TCP 端口等。

⑤ 选择“主目录”标签，如图 8.17 所示。在“主目录”选项卡中，可以设置网站的主目录，“本地路径”默认为“C:\Inetpub\wwwroot”，当用户访问网站时，服务程序将会映射到此目录中的 Web 文件。

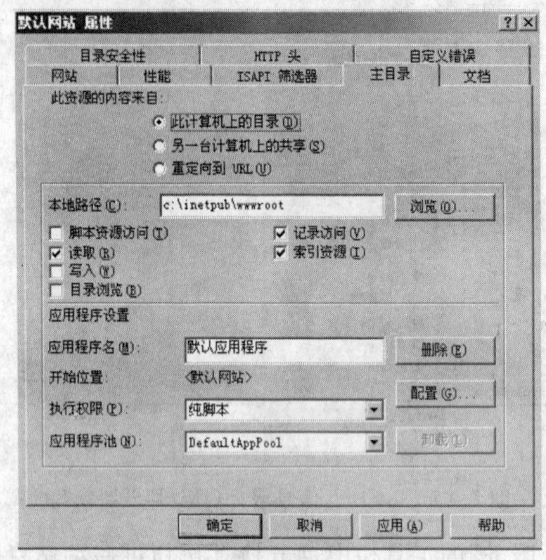

图 8.17 “主目录”选项卡

⑥ 在其他选项卡中做相应的配置，例如“服务”选项卡中，可以增加、删除默认文档或调整文档顺序。

在完成上述的相应配置后，将 Web 程序放在“C:\Inetpub\wwwroot ”目录中就可以通过 HTTP 地址(http://127.0.0.1)来访问了。

2. FTP 服务

FTP 服务不但可以方便文件传递，也可以作为组织内部交流资料与信息的平台。

在本例中，以 Windows Server 2003 操作系统为例，介绍架设 FTP 服务器的方法与步骤。在配置 FTP 服务前，确认 IIS 已经正确安装。

(1) 安装 FTP 服务程序

在默认情况下，Windows Server 2003 在安装 IIS 的时候，并没有安装 FTP 服务器模块，所以还需要安装 FTP 服务程序。

① 双击“控制面板”中的“添加或删除程序”图标，在弹出的对话框窗口中，单击“添加/删除 Windows 组件”按钮，打开“Windows 组件向导”对话框；单击选中“应用程序服务器”列表选项，并单击“详细信息”按钮。

② 在弹出的“应用程序服务器”对话框中，选择“Internet 信息服务(IIS)”，再单击“详细信息”按钮，弹出“Internet 信息服务(IIS)”对话框，在列表中选中“文件传输协议(FTP)服务”，单击“确定”按钮。参见图 8.18，开始安装 FTP 信息服务。

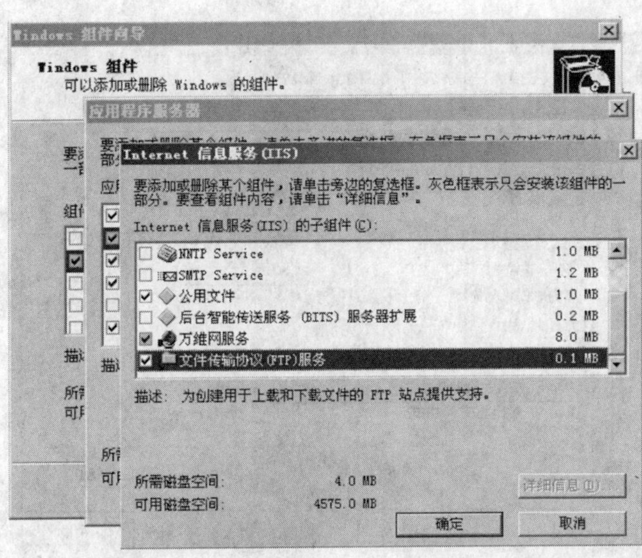

图 8.18　“Internet 信息服务(IIS)”组件安装对话框

在完成 FTP 文件传输协议后，将在 Internet 信息服务中自动添加一个默认的 FTP 站点，如图 8.19 所示。

③ 右击“默认 FTP 站点”，在弹出的快捷菜单中选择“属性”命令，打开“默认 FTP 站点属性”对话框，如图 8.20 所示。

④ 在各选项卡中，可以按照实际需要进行配置，例如在“FTP 站点标识”中，更改站点名称，TCP 端口，连接限制数等；在“安全帐户”选项卡中，可以设置是否“允许匿名连接”。

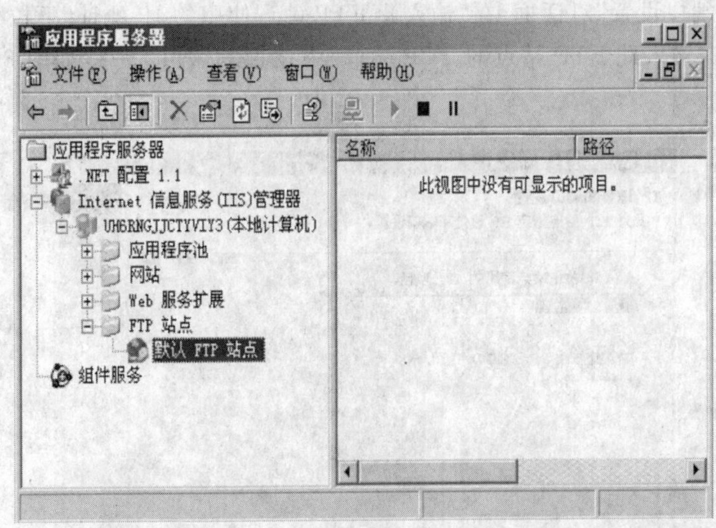

图 8.19　默认 FTP 站点

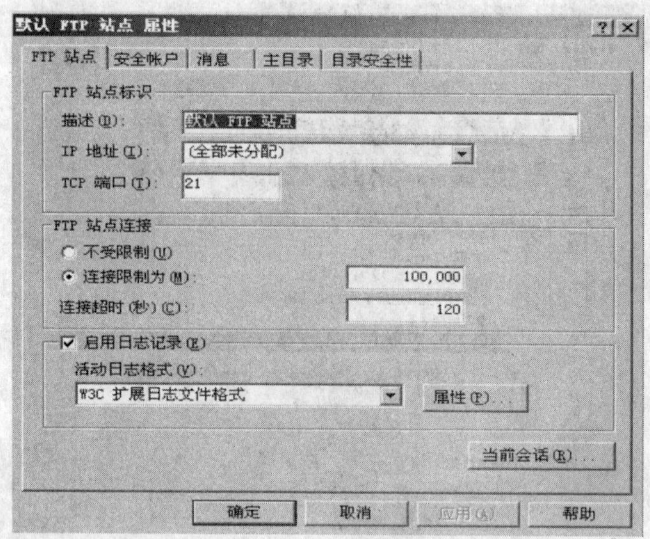

图 8.20 “默认 FTP 站点属性”对话框

(2) 建立一个 FTP 服务器

通过 IIS 自动建立的 FTP 服务器，可能并不能满足需求，可以根据需要重新建立一个 FTP 服务器。

① 右击“FTP 站点”，从弹出的快捷菜单中选择“新建/FTP 站点”命令，打开“FTP 站点创建向导”对话框，单击“下一步”按钮。

② 在弹出的“FTP 站点描述”中输入站点名称，比如“资料 FTP”，单击“下一步”按钮。打开“IP 地址和端口设置”对话框，在“输入此 FTP 站点使用的 IP 地址”下拉列表中选择“全部未分配”，并在“输入此 FTP 站点的 TCP 端口”中设置默认值为 21，如图 8.21 所示，单击“下一步”按钮。

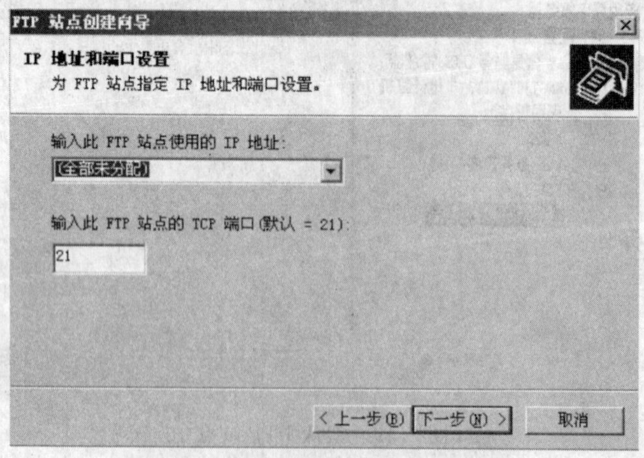

图 8.21 “IP 地址和端口设置”对话框

③ 在打开的“FTP 用户隔离”对话框中，单击选择“不隔离用户”，单击“下一步”按钮。

④ 在弹出的“FTP 站点主目录”对话框中，如图 8.22 所示，选择合适存放文件路径，例如“C:/FTP”，单击“下一步”按钮，打开“FTP 站点访问权限”对话框，如图 8.23 所示。

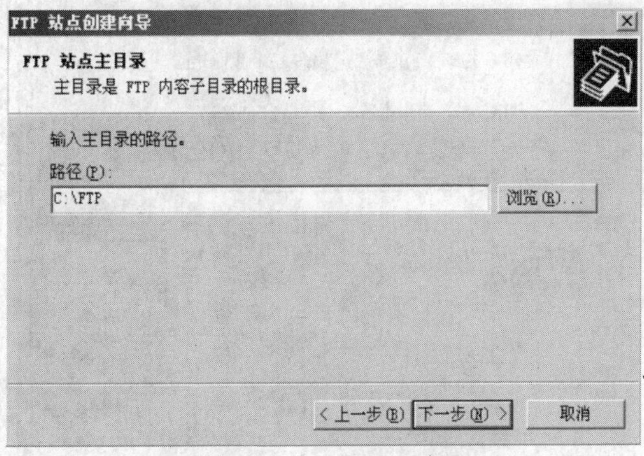

图 8.22　FTP 站点主目录

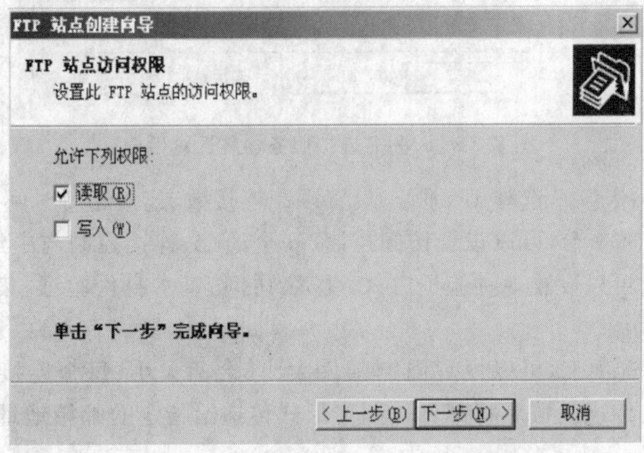

图 8.23　设置 FTP 站点的访问权限

⑤ 设置主目录的访问权限，选择“读取”复选框，只给访问者读取的权限；若选中“写入”权限，将开放服务器内容修改的权限。单击“下一步”按钮，将完成“资料 FTP”服务器的创建。

3. 电子邮件服务

电子邮件服务一般由邮件发送服务（Simple Mail Transfer Protocol，SMTP）和邮件接收服务（Post Office Protocol，POP）组成。

(1) 安装、配置 SMTP 服务

本例是在 Windows Server 2003 系统环境下架设 SMTP 服务器，需要在安装 IIS 中添加“SMTP Service”，具体操作与添加 FTP 服务类似，在此不再赘述。完成 SMTP 服务器安装后,还不能对外发送电子邮件,需要对SMTP进行一系列配置。

① 在IIS管理器窗口中右击"默认SMTP虚拟服务器"项,在弹出的快捷菜单中选择"属性",进入如图8.24所示的"默认SMTP虚拟服务器属性"窗口。

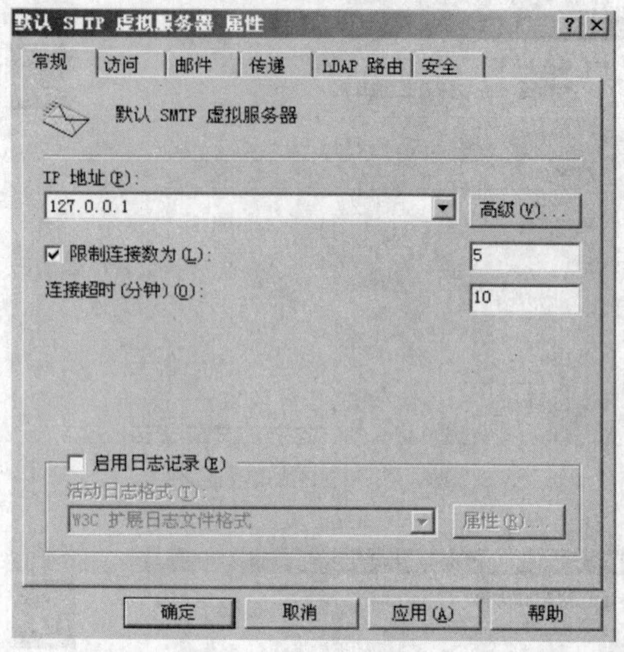

图8.24 SMTP虚拟服务器属性对话框

② 在"常规选项卡"中,选择IP地址;设置限制连接数、连接超时时间与启用日志记录。

③ 单击"访问"选项卡,可以设置访问控制、安全通信、连接控制与中继限制等项。单击其中的"身份验证",可以设置3种验证方式:匿名访问、基本身份验证、集成Windows身份验证。

④ 单击"邮件"选项卡,可以设置限制邮件大小、会话大小、每个连接的邮件数、每个邮件的收件人数,以及传递失败后将邮件以副本形式传递给指定的邮箱地址;还可以指定死信的存放位置。

⑤ 单击"传递"选项卡,可以设置邮件发送失败后的重试间隔、延时时间、出站安全性、出站连接等。

⑥ 单击"LDAP路由"选项卡,启用LDAP路由检查收件人与发件人。

⑦ 单击"安全"选项卡也可做相应的配置。

(2) 安装配置POP3服务

在"添加/删除Windows组件"列表中,选中"电子邮件服务",参见图8.25,安装POP3服务。

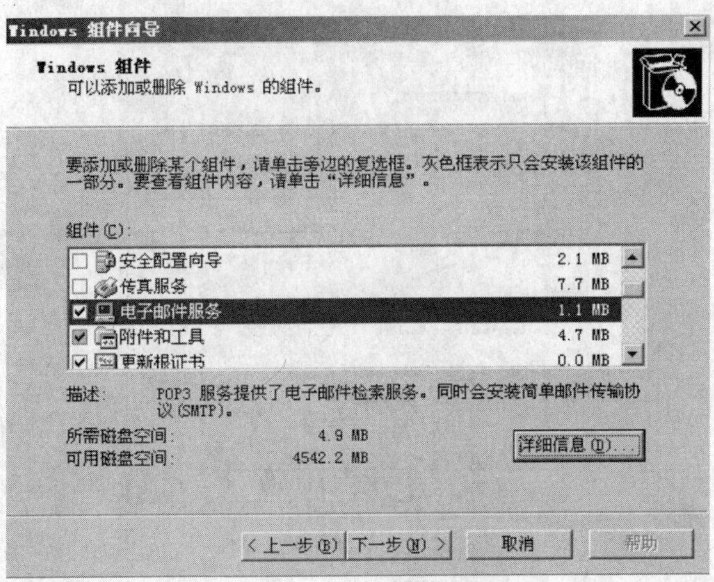

图 8.25　选择"电子邮件服务"组件安装

① 双击"管理工具"中的"POP3 服务"，进入如图 8.26 所示的"POP3 服务"管理窗口。

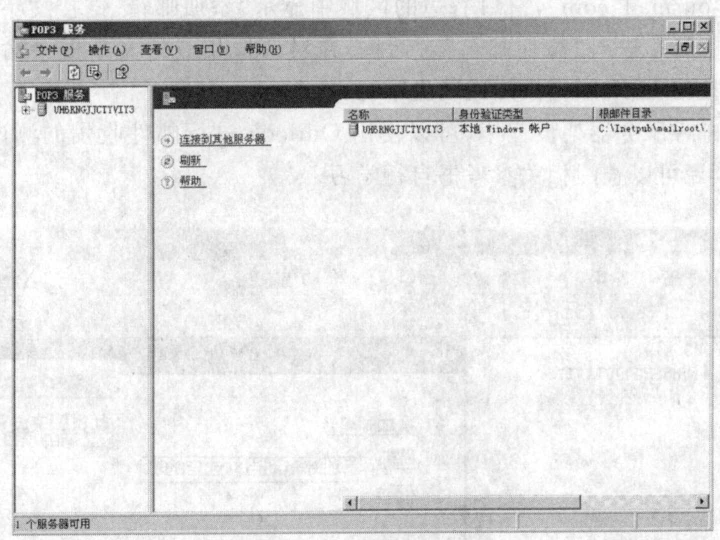

图 8.26　"POP3 服务"管理窗口

② 右击"POP3"服务器，从弹出的快捷菜单中选择"属性"，进入如图 8.27 所示的属性窗口。可以设置身份验证方法、服务器端口、日志级别、根邮件目录，以及对所有客户端连接都要求安全密码身份验证和总是为新的邮箱创建关联的用户。

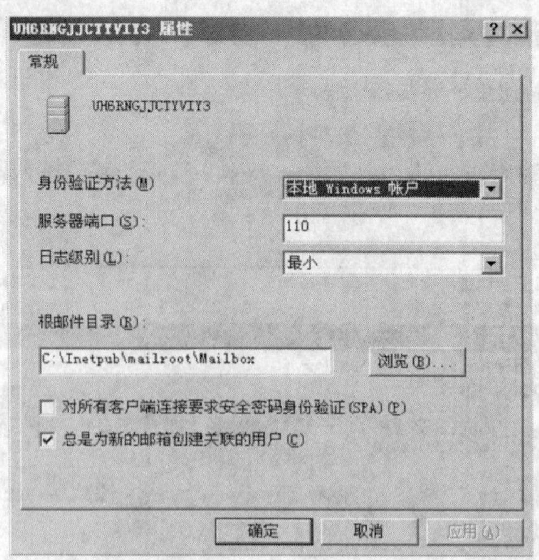

图 8.27 POP 邮件服务属性

③ 右击"POP3"服务器，从弹出的快捷菜单中选择"新建/域"，弹出"添加域"对话框，在"域名"文本框中输入与 SMTP 域名一致的域名，如"ourmail.com"，单击"确定"完成添加。

④ 选择域"ourmail.com"，窗口右边的区域中显示"添加邮箱"链接文字，如图 8.28 所示。单击"添加邮箱"，进入"添加邮箱"对话框，在对话框相应的文本框中输入邮箱名和密码，单击"确定"按钮，出现邮箱添加成功提示窗口。

至此，电子邮件服务器架设完毕，可以使用 Outlook 进行邮件收发的测试，这里不再赘述。有兴趣的读者可以查阅相关参考书自行学习。

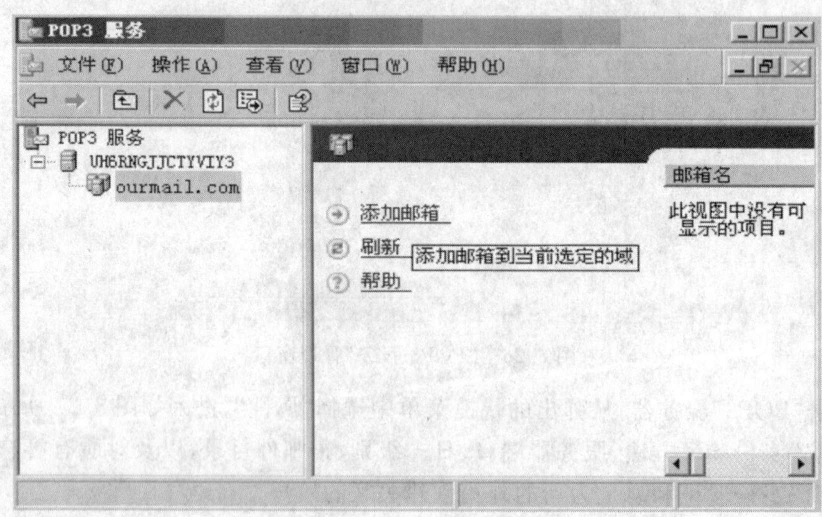

图 8.28 添加邮箱

8.1.8 网络安全措施

由于局域网的连通性、开放性与共享性,会给自身安全带来威胁,如计算机病毒的破坏、网络非法入侵、数据泄密以及系统安全漏洞被不法分子利用等。针对病毒的诸多危害,必须采取有效措施来防范病毒的侵袭,以免造成损失。对于不同的用户,采取的预防措施也略有不同。

1. 单机用户

(1) 完成系统安装后,使用 Ghost 工具做系统镜像备份,以免系统崩溃时可以快速恢复。

(2) 慎用来历不明的存储介质,如 U 盘、移动硬盘等,使用前需经过病毒检测或格式化。

(3) 及时备份重要的资料与数据,以免造成不可挽回的损失。

(4) 不要随意从网上下载软件,下载后的软件需经过病毒检测后再安装使用。

(5) 及时更新杀毒软件与防火墙软件,经常检查系统,并及时下载安装系统漏洞补丁。

(6) 不要随意打开可疑的电子邮件,更不能随意运行邮件附件中的可执行程序。

(7) 发现计算机有异常,应及时断开网络,进行查毒、杀毒处理。

2. 网络用户

(1) 购买一套具有网络杀毒功能的防病毒软件,定期更新软件并检测病毒。

(2) 在网络系统上安装网络病毒防治服务器。

(3) 尽量避免使用有软驱的工作站。

(4) 合理设置用户的访问权限,禁止用户具有较多的读、写权限。

(5) 定期进行文件、数据库备份。

(6) 制定严格的网络操作规则和制度。

8.2 中小型企业局域网组建设计

本节将以组建一个具有代表意义的中小型企业的局域网为例,主要包括如下内容:需求分析、网络拓扑结构设计、网络硬件设备的选型与规划、接入 Internet、虚拟局域网(VLAN)设计、虚拟专用网(VPN)设计、IP 地址分配、企业网络安全措施。

8.2.1 需求分析

【实例】 XX 公司目前大约有 500 人规模,计算机约 400 多台,主要信息点集中在行政部、市场部、研发部、技术部、规划部等,现在需要组建一个企业局域网,以实现如下目标。

(1) 实现安全访问 Internet、发布企业信息、宣传企业文化、发表意见交流工作、与外界的通信、外地员工可利用 Internet 远程访问公司资源、使用 FTP 服务器存取文档资料等常用企业任务和需求,为用户到用户、用户到应用提供速度合理、功能可靠的连接服务。

(2) 着眼于未来技术的发展,使现有网络具有较好的扩展性。

(3) 为保证网络稳定运行提供方便的监测和管理功能，在最大的程度上提高网管人员解决故障的效率。

(4) 在有限的费用下完成既定的任务，并考虑合理应用服务器的带宽，保证所有资源能获得尽量大的效益。

8.2.2 网络拓扑结构设计

该企业局域网采用三层结构网络设计模型，核心层由高端路由器和交换机组成，分布层由用实现策略的路由器和交换机构成，接入层由连接用户的低端交换机构成，具体拓扑结构图如图 8.29 所示。

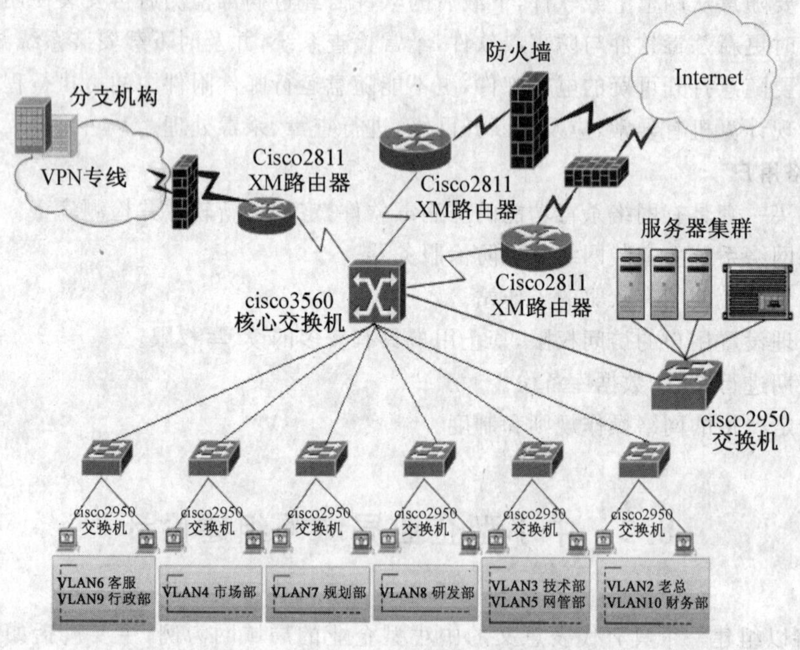

图 8.29 企业局域网网络拓扑结构图

8.2.3 网络硬件设备的选型与规划

1. 路由器的选型与规划

在路由器的设备选型上，连接 Internet 的路由器拟采用 Cisco2811XM 作为机房的上网代理，提供机房所有服务器上网和对外服务的内网 IP 与外网 IP 映射，还可用来连接分支机构的 VPN 互连，实现远程接入。

由于路由器 Cisco2811XM 承担的是企业业务的对外服务工作，需要采取冗余备份，以确保在路由器出现故障时，不影响公司各服务器的正常工作。这里采用 HSRP 协议，由两台 Cisco2811XM 组成一个“热备份组”。设置其中一台为活动路由器，另一台为等待路由器，这样当活动路由器一旦失效，等待路由器可即刻接管成为活动路由器。

2. 交换机的选型与规划

交换机的选型主要根据企业网络中数据量的大小，依此确定核心和接入层的设备。本网络设置有 400 台计算机，极限情况下这 400 台计算机同时进行网络访问，按每个节点 100Mbps，最大流量将达到 30G。为了最大限度保证各个接入交换机的带宽要求，这里选用 CISCOWS－C3560G－24TS－S 交换机，在二层交换之间完成存储－转发的功能，各端口用于连接各个楼层各部门的接入交换机，实现互联。

该交换机作为 VLAN 域服务器进行 VLAN 的建立、修改及管理；另外，还可对直接下接 PC 的端口开启端口与 MAC 地址的绑定的端口安全策略、应用访问列表到 VLAN 间及各个端口，以做到网络的访问控制等。

鉴于一般企业网络开销有限，对核心交换机的冗余只进行模块和引擎的冗余配置。各楼层交换机选择 Cisco 的 2950 系列交换机，每层楼可以设一个配线间用于汇聚该层楼所有部门的接入交换机；同个配线间的所有交换机通过 TRUNC 堆叠，把终端工作站和用户连接到企业的 LAN 上，并在各个端口提供线速连接性能。服务器区和边缘接入区选择 Catalyst2950G－24 交换机双上联至核心交换机。

8.2.4 接入 Internet

本企业局域网有两条线路连接 Internet：其中一条由 ADSL 提供内部所有员工的代理上网服务，宽带连接 5M 拨号动态 IP 线路；另一条为数字电路接入当地的 ISP，宽带连接 10M，固定 IP，用于企业各服务器的网络服务。

8.2.5 虚拟局域网设计

为了有效抑制网络上的广播风暴，增加网络连接的灵活性及安全性，集中化管理控制、降低管理成本，可利用 VLAN(Virtual Local Area Network) 技术将由交换机连接成的物理网络划分成多个逻辑子网。

在交换机上划分 VLAN 的方法有很多，为了最大限度上满足具体使用过程中的需求，减轻用户在 VLAN 使用和维护中的工作量，可采用根据 IP 来划分 VLAN 的方法，划分结果如表 8.2 所示。

表 8.2 VLAN 分配表

VLAN 编号	部 门	IP(192.168.＊.0)	权 限
VLAN1	机房(各类服务器专用)	1	没有限制
VLAN2	企业主管	2	允许访问 192.168.1.0 网段，禁止部门间访问

续 表

VLAN 编号	部　门	IP(192.168.＊.0)	权　限
VLAN3	技术部	3	允许访问 192.168.1.0 网段,禁止部门间访问
VLAN4	市场部	4	允许访问 192.168.1.0 网段,禁止部门间访问
VLAN5	网管部	5	允许访问各个 VALN (单向)
VLAN6	客服部	6	允许访问 192.168.1.0 网段,禁止部门间访问
VLAN7	规划部	7	允许访问 192.168.1.0 网段,禁止部门间访问
VLAN8	研发部	8	允许访问 192.168.1.0 网段,禁止部门间访问
VLAN9	行政部	9	允许访问 192.168.1.0 网段,禁止部门间访问
VLAN10	财务部	10	允许访问 192.168.1.0 网段,禁止部门间访问

8.2.6　虚拟专用网(VPN)设计

企业应用包括基础应用和业务应用两部分,内部文件共享、邮件和办公自动化系统这些基础的网络应用对网络的可靠性、安全性要求都不是很高,而业务应用系统是企业正常运行的根本,它的可靠和安全直接关系到企业的生存。因此,可以采用两种连接 Internet 的方式来连接外网,在与远程分支机构的连接上,可以采用 VPN 方式来实现私有网络的连接。

目前企业网络的 VPN 应用可以分为两个主要类型:站点到站点和远程访问 VPN。鉴于该企业建立 VPN 的主要目的是连接异地的分支、办事处(市场部),流量主要在远程分支和总部办公室之间流动,因此采用站点到站点 VPN。在拓扑结构上,采用星型拓扑结构,这样就简化了配置的复杂性,只需要在总部建立多条到达分支的 IPSec 和 GRE 隧道即可。

8.2.7　IP 地址分配

在 TCP/IP 协议的网络中,IP 地址的设置有两种方式:手工设置静态 IP 与自动获得动态 IP。当网络规模比较大时,不使用手工设置客户端的 IP 地址方法,而只需在网络中配置一个 DHCP 服务器分配 IP 地址。我们可以将这个 DHCP 服务器看成一个 IP 地址数据库。客户端每次启动时向这个数据库发送请求,以自动获得一个 IP 地址,这样可以减轻网络管理的负担。在本例中,使用设置静态 IP 的方式,有兴趣的读者可以思考与设计 DHCP 动态分配 IP。

企业内网服务器中,需要对外提供服务的服务器均使用内网 IP,路由器完成与外部 IP 的映射,程序中提供服务的 IP 也必须配置成内网 IP。内部访问对外提供的服务均需使用内部 IP,不能直接用外部 IP 访问。

基于上面的考虑,主要设备 IP 地址分配参见表 8.3。

表 8.3 主要设备 IP 分配表

设备名称	设备类型	安放位置	功　能	设备管理 IP
Router	Cisco 路由器 2811XM	机房	内网上网代理	192.168.1.1
Router2811	Cisco 路由器 2811XM	机房	内网上网代理	192.168.1.2
Switch3560	Cisco 交换机 3560	机房	网络核心交换机	192.168.5.1
XZSwitch2950	Cisco 交换机 2950	行政部机柜	网络接入交换机	192.168.5.11
SCSwitch2950	Cisco 交换机 2950	市场部机柜	网络接入交换机	192.168.5.12
GHSwitch2950	Cisco 交换机 2950	规划部机柜	网络接入交换机	192.168.5.14
JSSwitch2950	Cisco 交换机 2950	技术部机柜	网络接入交换机	192.168.5.15
Switch2950	Cisco 交换机 2950	机房	网络接入交换机	192.168.5.16
YFSwitch2950	Cisco 交换机 2950	研发部机柜	网络接入交换机	192.168.5.17
BSSwitch2950	Cisco 交换机 2950	老总机柜	网络接入交换机	192.168.5.18
CWSwitch2950	Cisco 交换机 2950	财务部机柜	网络接入交换机	192.168.5.19

8.2.8 企业网络安全措施

企业局域网的安全主要包括局域网内的安全和接入 Internet 的安全两个方面。

企业网络核心区通常会遭到数据窃听(Sniff)、信任关系利用和 IP 欺骗(Spoofing)等攻击,为此可架设一台高性能的交换机,以有效地避免数据窃听的发生。另外,可以使用访问控制,减少通过一个 VLAN 中被侵入主机访问另一 VLAN 服务器上保密信息的机会。最后,为了防止源地址欺骗的发生,可以通过使用 RFC2827 过滤,在核心交换机上过滤那些不属于自己 VLAN 的源地址的对外访问,从而大大加强内网的安全性。

在 Internet 接入模块通常发生的攻击有 IP 欺骗(Spoofing)、拒绝服务(Dos)、密码攻击、应用层攻击、未授权访问和病毒与特洛伊木马等。针对这些攻击,在 Internet 接入区可以设置 RFC1918 和 RFC2827 地址过滤,这样可以防止地址欺骗的发生,也可以有效防止拒绝服务攻击(Dos) 的发生。同时,对非重要的信息进行速率限制,以缓解拒绝服务攻击的压力。

在防火墙 DMZ 区域的公共服务器上安装主机入侵检测系统，能有效地防止密码攻击、端口重定向以及未授权访问等攻击。另外，PVLAN（Private VLAN）的使用使得位于同一 VLAN 的不同服务器之间互相隔离，能够防止信任关系利用的攻击。当然，合理地设置应用程序和操作系统，定期地为各种安全打补丁等日常维护工作，都能有效地防止病毒和各种木马程序的入侵。

【本章小结】

本章所列举的两个例子是常见的网络技术在现代社会工作与商务中的实际应用。通过对两个例子的详尽讲解，我们可以清楚地了解如何搭建一个局域网，以及如何配置网络服务；更好地利用网络技术带给我们优势，改变我们的生活与工作方式，在激烈的现代商务竞争中取得先机。此外，本章还分析了局域网中潜在的威胁与危害，在明确网络安全的重要性与必要性的基础上，提出相应的网络安全防范措施与策略，以确保局域网能安全、可靠、方便快捷地运行。

附 录

附录一：局域网组网设备

1. 网卡

1.1 网卡的概念

网络接口卡(Network Interface Card,NIC)又称网卡,它是构成网络的基本部件。网卡连接局域网中的计算机和传输介质。

1.2 网卡分类

1. 按照网卡支持的传输速率分类

这是目前主要的分类方法。共有五类：① 10Mbps 网卡,② 100Mbps 网卡,③ 10/100Mbps自适应网卡,④ 1000Mbps 网卡,⑤ 10/100/1000Mbps 自适应网卡。其中,10/100Mbp 自适应网卡可同时支持 10Mbps 和 100Mbps 的传输速率,10/100/1000Mbps 自适应网卡可同时支持 10Mbps、100Mbps 和 1000Mbps 的传输速率,它们均能自动侦测出网络的传输速率。

2. 按网卡所支持的传输介质类型分类

按照这种分类方法,网卡可分为四种：① 双绞线网卡,目前常用的非屏蔽双绞线网卡使用 RJ-45 接口;② 粗缆网卡,使用 AUI 接口;③ 细缆网卡,使用 BNC 接口;④ 光纤网卡,使用 F/0 接口。

目前,由于无屏蔽双绞线的普遍使用,只提供 RJ-45 接口的以太网卡比较流行。

2. 集线器

2.1 转发器

转发器(Repeater)又称中继器或放大器,工作在OSI的物理层,实现电气信号的无失真转发。当信号沿传输介质传播时会产生衰减和畸变,这种衰减和畸变会使接收方无法正确识别信号。转发器可以通过接收、放大、整形和转发,使信号的波形和强度达到所要求的指标。

转发器用于互联两个相同类型的网段(例如:两个以太网段),其主要功能是延伸网线的长度、扩大网段距离并连接不同的传输介质,从而实现比特位的转发。由于用转发器连接的网段仍属于同一个子网,因此,从某种意义上说,转发器并不能算真正的网络互联设备。

2.2 集线器(Hub)

集线器(Hub)是转发器的一种,也工作在物理层。它是一种多端口(有8、16、24、48个RJ-45接口)的转发器,相当于将总线网的总线和转发器浓缩到集线器中。Hub可以分离有故障的站点,保障其他站点正常工作,有效地提高以太网的可靠性。

1. 集线器的工作原理

集线器并不处理或检查其上的通信量,仅将通过一个端口接收的信号重复分发给其他端口来扩展物理介质。所有连接到集线器的设备共享同一介质,其结果是它们也共享同一冲突域、广播和带宽。因此集线器和它所连接的设备组成了一个单一的冲突域。如果一个节点发出一个广播信息,集线器会将这个广播传播给所有同它相连的节点,因此它也是一个单一的广播域。

2. 集线器的工作特点

(1) 集线器多用于小规模的以太网,一般使用外接电源(有源),对其接收的信号有放大作用。在某些场合,集线器也被称为“多端口中继器”。中继器也是工作在物理层的网络设备。

(2) 连接集线器端口的所有计算机都处在同一个网段,每个端口上的计算机发出的信息都通过集线器放大、整形并且以广播的形式发向所有的端口。

(3) Hub连接的计算机仍然采用CSMA/CD方式竞争带宽的使用,共享整个集线器的带宽。在某一时刻,只能有一台计算机发送数据,只能在两台计算机之间进行通信(一台发送,一台接收)。

(4) 堆叠集线器和单一集线器一样,其上的所有端口都属于同一个网段。利用集线器级联,可以扩大网络覆盖的范围。

(5) 集线器最多只能 4 台相互串联，如果用双绞线级联，每根双绞线的长度不超过 100m，因此，两台计算机之间的最大长度为 500m。所有集线器上的计算机仍然属于同一个子网，共享网络带宽。

3. 网桥与交换机

网桥和交换机都是工作在 OSI 模型的数据链路层的网络互联设备。不同的是，网桥既可以实现相同类型子网之间的连接，也可以实现不同类型子网之间的连接；而交换机是设计用来在同种子网之间实现高速连接的网络互联设备。

3.1 网桥的功能与应用

网桥又被称为网络桥接器，作为网络互联设备，网桥提供了一种 LAN-LAN 互联方法，扩展了 LAN。

1. 网桥和集线器的主要区别

网桥可用于互联两个独立的子网，实现数据帧的存储转发；集线器仅被用于同一子网的延伸。

2. 网桥的协议层

网桥执行 OSI 模型的数据链路层和物理层的协议转换，适用于同类网络或仅在低两层协议有差别的网络之间的互联。图 a 所示为网桥的体系结构。

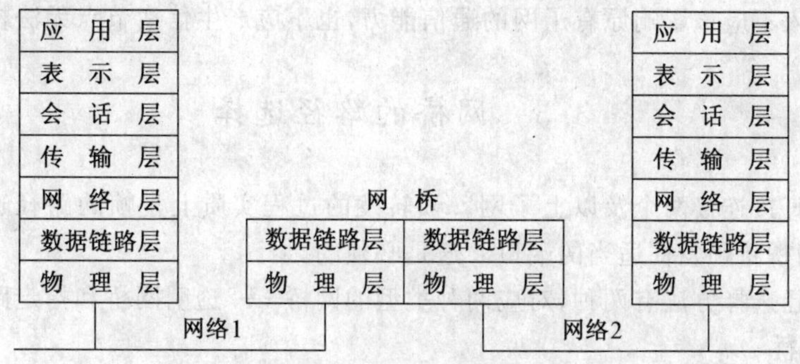

图 a 网桥执行的协议

网桥接收一个帧后，先在数据链路层进行检验，再将帧交给物理层，转发到另一个不同的网络。网桥在转发这些帧之前有可能对帧的头部信息做一些改变，以便进行数据链路层上的协议转换，但并不改变帧所携带的用户数据。网桥实现 MAC 子层的连接，对于遵循 IEEE802 标准的局域网是完全透明的。

一个网桥可以连接多个子网，它们的类型可以相同也可以不同，网桥接收它所连接的每个子网中的所有的帧并将它们转发到目的子网。

3.2 网桥的特点

网桥在转发帧的过程中，除了进行数据链路层上的协议转换，还具有以下功能和特点。

(1) 地址过滤

网桥能够识别各种地址，并根据数据帧的信宿地址，有选择地让数据帧穿越网桥。实际上，目前很多网桥产品都添加了各种过滤功能，允许用户进行设置，过滤掉不希望被转发的帧，以确保子网的安全性。

(2) 帧限制

网桥只进行必要的帧格式转换，以适应不同的子网。网桥丢弃超过信宿节点所在子网帧长度限制的信息。因此，当采用网桥支持不同 LAN 之间的互联时，需要更高层的协议保证被传送的信息长度的限制。帧限制的另一目的是为了维护每个子网的独立性，不允许控制帧和要求应答的信息帧穿越网桥，避免广播的风暴。

(3) 监控功能

网桥参与对子网的监控和对信息帧的校验。

(4) 缓冲能力

网桥应当具有一定的缓冲能力，以解决穿越网桥的信息量临时超载问题。也就是说，网桥可以解决数据传输速率不匹配的子网之间的互联。事实上，即使是速率相同的网络进行互联，这种缓冲能力也是必需的。

(5) 透明性

网桥的引入不应该影响原有子网的通信能力，也不应产生信宿节点无法检测的差错。

3.3 网桥的路径选择

网桥可以直接连接两个及以上子网。帧转发的过程实质上是帧的路径选择过程，经过路径选择后，网桥将帧发往适当的端口。这是必须的。

常用的路径选择方法有两种，对应两种类型的网桥——透明网桥和指定路径网桥。

1. 透明网桥

透明网桥也被称为学习型网桥或自适应网桥，该网桥内部动态地维护着节点的地址映射表数据库；根据该地址映射表，网桥决定收到的帧的转发。

由于局域网的运行完全不受网桥的影响，因此被称为“透明”网桥。透明网桥适合于总线型(如：以太网、令牌总线网)或树型结构的网络互联。

2. 源路径选择桥

桥的原理来源于 IBM 的令牌环。源路径选择桥也称指定路径桥，先由发送的源节点判断所发送的帧是送往本地子网还是送给其他子网，然后选择帧传输的确切路径。

(1) 直接传输

如果发送的源节点知道所发送的帧传输的确切路径，可以直接传输。

(2) 寻找路径

如果源节点不知道路径,可以发送一个有测试功能的广播帧。接到广播帧的网桥先检查广播帧中的 RI(路由信息)字段,如果本网桥已经在 RI 中——该帧由本网桥转发过,不需做任何处理;否则,向 RI 中增加本网桥及端口信息,并将该帧转发到与之连接且未在帧中出现的其他子网。当信宿节点接到该测试帧后,向源发节点返回一个应答帧。应答帧中包含了所需的路径信息,并沿着测试帧途经的路径反向传递。由于广播的缘故,源节点可能会收到多个应答帧,通常是通过某种算法从中选择一条(最佳)路径。

源路径选择桥可以获得最佳的路径,但是测试帧的发送增加了网络的信息流量,有可能形成广播风暴,甚至可能导致网络拥塞。图 b 所示是网桥的应用。

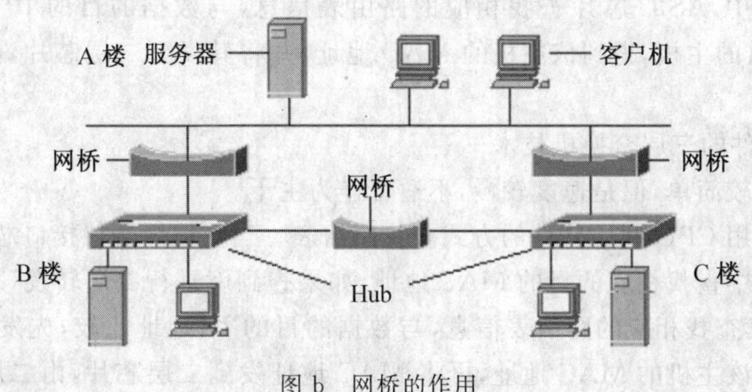

图 b 网桥的作用

3.4 交换机

如果所连接的是同一种网络,网桥的功能可以被大大简化,从而提高效率。以太网交换机是一种简化的网桥,被用于以太网之间的互联。以太网交换机的特点如下。

(1) 处理相同的帧格式,交换速度快。由于交换机互联的是相同类型的网络,在数据帧转发时无需进行帧格式转换,因而大大提高了交换机的数据交换速度。

(2) 具有少量的地址表,交换机的查表速度得到提高。

(3) 因为同一时刻可有多对端口通信,因此支持多个独立的数据流,具有较高的吞吐量。

(4) 内部采用硬件交换,交换速度快。

(5) 与一般的网桥一样,具有分割子网的功能(在数据链路层)。

(6) 提供一定的存储能力。为避免转发帧在输出端口的冲突,交换机往往配置一定的缓存,用于缓存输入或待输出的帧,因此可以实现不同速率网络的互联(自适应能力)。

(7) 每个端口独享指定的带宽。如 10M/100M/1000M 的交换机,每个端口可独享 10Mbps/100Mbps/1000Mbps 的网络带宽。

3.5 三层交换

三层交换技术是二层交换技术加上三层转发技术。局域网中网段划分之后,网段中子网的管理原来一直依赖路由器，三层交换机的出现解决了传统路由器因低速、复杂造成的网络瓶颈问题。

1. 三层交换机种类

三层交换机可以根据其处理数据方式分为纯硬件和纯软件两大类型。

(1) 纯硬件的三层技术

这种方式技术复杂、成本高，但是速度快、性能好、负载能力强。

纯硬件的原理是采用 ASIC 芯片，用硬件的方式进行路由表的查找和刷新。

当数据由端口的接口芯片接收后，首先在二层交换芯片中查找相应的目的 MAC 地址，如果查到即进行二层转发，否则将数据送至三层协议。

在三层引擎中，ASIC 芯片查找相应的路由表信息，与数据的目的 IP 地址比较，发送 ARP 数据包到目的主机，得到该主机的 MAC 地址，并将其发到二层芯片，由二层芯片转发该数据包。

(2) 基于软件的三层交换机技术

这种技术比较简单，但是速度较慢，不适合作为主干。

其原理是采用 CPU 利用软件的方式查找路由表。当数据由端口接口芯片接收后，首先在二层交换芯片中查找相应的目的 MAC 地址，如果查到就进行二层转发，否则数据被送至 CPU。CPU 继续查找相应的路由表信息，与数据的目的 IP 地址比较，先发送 ARP 数据包到目的主机得到该主机的 MAC 地址，再将 MAC 地址发到二层芯片，由二层芯片转发该数据包。

由于低价 CPU 处理速度较慢，因此这种三层交换机处理速度较慢。

2. 三层交换原理

假设两个使用 IP 协议的站点 A、B 通过第三层交换机进行通信，则三层交换的过程如下。

(1) 发送站点 A 在开始发送时，把自己的 IP 地址与 B 站的 IP 地址比较，判断 B 站是否与自己在同一子网内。

(2) 如果目的站 B 与发送站 A 在同一子网内，则进行二层的转发。

(3) 如果两个站点不在同一子网内，发送站 A 要与目的站 B 通信。发送站 A 要向“缺省网关”发出 ARP(地址解析)封包，而“缺省网关”的 IP 地址指向三层交换机的三层交换模块。

当发送站 A 对“缺省网关”的 IP 地址广播出一个 ARP 请求时，如果三层交换模块在以前的通信过程中已经知道 B 站的 MAC 地址，则向发送站 A 回复 B 的 MAC 地址。否则，三层交换模块根据路由信息向 B 站广播一个 ARP 请求。B 站得到此 ARP 请求后向三层交换模块回复其 MAC 地址，三层交换模块保存此地址并回复给发送站 A，同时将 B 站的 MAC 地址发送到二层交换引擎的 MAC 地址表中。

(4) 至此，A 向 B 发送的数据包便全部交给二层交换处理，信息得以高速交换。

由于仅仅在路由过程中才需要三层处理，绝大部分数据都通过二层交换转发，因此三层交换机的速度很快，接近二层交换机的速度，同时比相同路由器的价格低很多。

附录二：中国石油天然气网络互联[①]

中国石油天然气股份有限公司(以下简称“中国石油”)是按专业公司组成的一家庞大的石油天然气公司，广泛从事与石油、天然气有关的各项业务，包括原油和天然气的勘探、开发和生产，原油和石油产品的炼制、运输、储存和营销(包括进出口业务)，化工产品的生产和销售，天然气的输送、经营和销售。

中国石油成功上市后，成为一家国际化、市场化的公司，为适应国际化经营及市场竞争的要求，中国石油必须拥有强大的技术创新能力和先进科学的管理手段，充分利用信息技术改善管理水平，建立起一套完整的、规范的、集成的、开放的业务管理体系。而在信息技术中，一套有保障的网络基础设施是所有信息系统运行的基础，企业管理与生产的发展要求企业内部和企业间更多的协作，企业需要建设一套能够满足当前和未来需求的可持续发展的网络基础设施。

1. 应用现状

中石油广域网承载着丰富的数据业务，其覆盖范围内的各专业公司数据既有相同部分，也有特有部分。共同的数据有电子邮件数据、防病毒系统数据、股份公司 EIP 数据、电视会议、电子商务数据、因特网访问数据和办公自动化数据，各专业公司特有的数据有勘探与生产专业公司的生产运行数据、炼化地区公司的生产数据、炼油销售的产销存系统以及化工销售的管理系统等。

在未来的几年内，随着中国石油企业信息化程度的提高，更多的应用数据被传输于广域网内，主要有上游的地球科学和钻井系统、勘探和生产信息系统、管道信息系统、GIS 系统；下游的炼油和化工生产系统、客户服务系统、加油站管理系统；以及 ERP 数据、CRM 系统数据、IP 语音通信数据、数据仓库、数据中心、企业灾难备份等。

2. 网络建设要求

中国石油广域网是整个中国石油信息建设的重要基础组成部分。其改进与建设需要在技术上采用现代网络技术的先进成果，始终保持一定的技术前瞻性，以使中国石油的广域网建设进入世界石油公司的先进行列；同时还要考虑经济上的合理性、企业的网络现状和实际

① http://huawei.chinaitlab.com/project/23310.html，阅读时间 2007 年 7 月。

应用，结合企业未来发展要求，在统一网络管理与安全策略的前提下，为服务中国石油企业发挥应有效益。

3. 解决方案简介

中国石油广域网采用层次化树状结构的广域网设计方案，即以区域为中心，各地区公司就近连接到区域中心，再从区域中心连接到股份公司的网络连接方式。网络建设分两期进行，第一期建立 7 家区域中心，分别为大庆区、大连区、西安区、辽河区、新疆区、西南区、东南区，其他为第二期。区域内的中国石油地区公司直接接入到区域中心，再由区域中心接入到股份公司总部。

针对中石油对高品质业务、高性能、高安全、高可靠以及高可扩展性能的具体需求，建设方案采取了不同网络节点运用不同性能网络设备的构建模式。其中，总部和 10 个区域中心节点统一采用了华为 3COM 的 Quidway NetEngine40－8 通用路由器，84 个地区公司则采用了华为 3COM 的 AR4640 路由器和万兆交换机 S8505 作为服务器群接入交换机。

3.1 Quidway NetEngine40—8 系列高端核心路由器

在中石油广域网建设中，总部和区域中心均采用了华为公司 Quidway NetEngine40－8 系列高端核心路由器(USR)。该路由器充分继承了 NE80 核心路由器的设计理念和关键技术，是华为 3Com 公司面向大型企业网、行业网、IP 城域网和 IP 骨干网的高端网络产品。

NE40 基于分布式的网络处理器硬件转发和无阻塞交换技术，具备优异的扩展能力，可以通过软件平滑升级的方式支持 IPv6。NE40 融合了核心路由器强大的 IP 业务处理能力和三层交换机低成本交换能力，可提供更丰富的业务、更灵活的组网和更理想的性价比。NE40 是 Internet 骨干网和 IP 城域网向宽带化、安全化、业务化发展的重要源动力，其具有的高品质 QoS 能力，是网络业务的重要技术基础。NE40 实现了智能业务感知，提供了先进的队列调度算法、SARED 拥塞控制算法，从而精确保证了不同业务的带宽、时延和抖动，满足了不同用户、不同业务等级的“区分服务”要求。

NE40 基于分布式硬件处理，具备高性能的业务能力，可提供全面的 MPLS VPN 业务，胜任高性能 P/PE 应用，提供高品质、安全和多层次的 MPLS VPN 解决方案；提供高性能组播能力；提供千兆线速 NAT 等各种业务。NE40 具备快速良好的扩展能力，通过软件升级即可平滑支持 IPv6 和未来新业务，是未来网络可持续发展的条件，是未来 IP 电信网(IPTN)和下一代互联网的重要基石。

3.2 Quidway AR4640 路由器

Quidway AR46 系列智能业务中心路由器是华为 3Com 公司面向企业核心及行业、运营商网络的高性能、高可靠性的多业务路由器，秉承了“业务与性能并重、业务平滑演进”的设计理念，面向全业务、开放的业务模型。该系列路由器采用了独特的双总线体系结构，两条独立的 PCI 总线以及高性能的 PowerPC，配合自主知识产权的 IP Turbo Engine TM 技术，极大地提高了系统转发性能。它的转发能力高达 350Kbps(155M 接口线速转发)，远远高于业界同等档次的产品。AR 46 系列路由器的高性能是业务的高性能，在处理各种业务时转发性能不会出现明显下降。

考虑到未来的发展，通过对主板的升级，Quidway AR46 系列路由器可提供 3Mbps 的业务性能，系统总线带宽可提升 4～8Gbps，这使企业中心及大型行业应用环境的业务性能全面提升。Quidway AR46 系列路由器充分考虑到网络应用对高可靠性的要求，融入了高端路由器的技术。设备关键部件，如总线、电源、散热系统、BootRom 等都采用冗余设计，采用互为冗余备份的双电源(1＋1 备份)模块，支持交、直流输入；所有接口板、电源、风扇都支持热插拔功能，充分满足了网络维护、升级、优化的需求。

4. 解决效果

华为 3COM 公司为中石油网络建设全面提供了数据、视频、话音业务在 IP 网络上的统一承载，使中国石油天然气股份公司全国骨干网络全面实现了三网合一，不仅保证了全网业务的有效联通，更加保证了系统的强可管理性。

实现企业的信息化是作为推动企业体制创新、技术创新、管理创新并且增强企业核心竞争力的重要手段和必由之路。3COM 公司为中国石油天然气股份公司提供了高安全、高性能、可管理的信息化解决方案，完全满足了中国石油天然气股份公司对多种业务的需求，并将进一步提高中国石油天然气股份公司的办公效率，全面增强企业竞争实力。

参考文献

[1] 谢希仁. 计算机网络(第四版). 北京：高等教育出版社，2005.
[2] 骆耀祖. 计算机网络实用教程. 北京：机械工业出版社，2005.
[3] Andrew. S. Tanenbaum. 计算机网络. 北京：清华大学出版社，2004.
[4] 张金菊，孙学康. 现代通信技术. 北京：人民邮电出版社，2005.
[5] 吴功宜. 计算机网络教程. 北京：电子工业出版社，2003.
[6] 思科公司. 思科网络技术学院教程. 北京：人民邮电出版社，2004.
[7] 徐其兴. 计算机网络技术及应用(第二版). 北京：高等教育出版社，2004.
[8] 赵喆. 计算机网络实用技术. 北京：中国铁道出版社，2008.
[9] 谭浩强. 计算机网络. 北京：中国铁道出版社，2006.
[10] 候中俊. 局域网组网技术. 北京：人民邮电出版社，2004.
[11] 刘海涵，王存祥. 计算机网络技术. 西安：西安电子科技大学出版社，2004.
[12] 鸣涧工作室. 个人服务器架设实例精讲. 北京：人民邮电出版社，2003.
[13] 刘晓辉等. 网络服务器搭建与管理. 北京：电子工业出版社，2005.
[14] 王太冲，牛玲，宋映红. 局域网组建配置和管理入门与提高. 北京：清华大学出版社，2006.
[15] 杨志国，王小琼，李世娇. 网站服务器架设精讲——Windows Server 2003＋IIS 6. 北京：电子工业出版社，2006.
[16] 敖永霞，舒路. 典型中小型企业局域网的组网设计. 福建电脑，2008(1).
[17] 周伟、王黎、李金龙. 局域网组建方案的探讨. 中国科技信息 2007 年(12).
[18] 余定洋. 中小型办公局域网的组建——某设计院网络建设实例. 有色冶金设计与研究，2003 年 3 月.
[19] 朱圣瑜. 如何选购网络服务器. 微电脑世界，1997(1).
[20] www. huawei. com.
[21] www. cisco. com.
[22] www. dlink. com. cn.
[23] www. edu. cn.